上岗轻松学

图解数控铣工快速入门

主　编　黄北源　戴红毅
副主编　王安知　李昌宝
参　编　阳群英　梁超林　吴华才　马晓宏　孙善德
　　　　邹志华　杨智棠　黄　琳　郑丰权　黄东荣
　　　　陈鸿飞
主　审　刘　创

U0279869

机械工业出版社

本书主要介绍了数控铣工基础知识以及数控铣削相关的操作步骤和方法，以零基础为起点，注重对职业技能的培养，注重可操作性和实用性。全书以照片图、线条图、表格为主要表现形式，图文并茂，操作过程直观明了，力求更好地满足数控铣工快速上手的需求。主要内容包括：数控铣工入门知识、数控铣削加工程序编制基础、零件的平面和轮廓铣削加工、零件孔的加工、数控铣削加工编程技巧及铣削加工、简单曲面铣削加工、计算机辅助制造、数控铣床/加工中心的结构与维护。

本书可作为数控铣削零起点读者的自学用书，也可作为各职业鉴定培训机构和职业技术院校数控铣工相关专业的培训教材。

图书在版编目（CIP）数据

图解数控铣工快速入门/黄北源，戴红毅主编. —北京：机械工业出版社，2015.9（2025.1重印）

（上岗轻松学）

ISBN 978-7-111-51801-3

Ⅰ.①图… Ⅱ.①黄…②戴… Ⅲ.①数控机床-铣床-图解 Ⅳ.①TG547-64

中国版本图书馆 CIP 数据核字（2015）第 243097 号

机械工业出版社（北京市百万庄大街 22 号　邮政编码 100037）

策划编辑：郎　峰　王晓洁　责任编辑：王晓洁

版式设计：霍永明　　　　　责任校对：樊钟英

责任印制：刘　嫒

涿州市般润文化传播有限公司印刷

2025 年 1 月第 1 版第 4 次印刷

169mm×239mm · 10.5 印张 · 192 千字

标准书号：ISBN 978-7-111-51801-3

定价：49.80 元

前　言
PREFACE

　　数控加工是提高产品质量、提高劳动生产率必不可少的重要手段，是促进我国机械制造业发展和综合国力提高的关键技术。培养掌握数控加工技术的应用型人才，已是当今的重要任务。数控铣工是数控加工相关工种中需求面较广、从业人员较多的技术工种之一。因此，对数控铣工的培养非常重要。

　　本书参照最新《国家职业标准（数控铣工）》中对数控铣工的要求，参考数控技术应用专业（数控铣床、加工中心加工方向）人才培养目标及企业岗位能力要求，遵循"必需与够用"原则而编写，介绍了刚上岗的数控铣工必须掌握的基础知识和基本技能。本书理论阐释简单明了，重点突出操作技能与操作要点。同时穿插一些实际操作中常见的问题、常用技巧和注意事项。

　　本书的两大特点是"图解"和"快速入门"。"图解"：通过大量的现场照片图、三维立体图，将抽象深奥的知识具体化、形象化；通过线条图，将复杂的结构及细节知识简单化、清晰化。照片图和线条图对照，可以更好地阐释操作过程及相关内容，达到读图学习知识的目的，有利于读者的理解。"快速入门"，即书中讲解的铣工技术知识属于铣工初学者水平，语言通俗易懂，贴近现场，便于读者快速掌握。

　　本书由黄北源、戴红毅任主编，王安知、李昌宝任副主编，阳群英、梁超林、吴华才、马晓宏、孙善德、邹志华、杨智棠、黄琳、郑丰权、黄东荣、陈鸿飞参加编写。本书由刘创主审。

　　由于编者的水平有限，书中疏漏或不足之处在所难免，恳请广大读者批评指正。

编　者

目 录

CONTENTS

第一章

数控铣工入门知识

第一节 安全文明生产

一、安全文明操作规程

安全文明生产是企业管理工作的一个重要组成部分，是企业安全生产的基本保证，体现着企业的综合管理水平。文明的生产环境是实现职工安全生产的基础，安全生产是进行生产劳动的基础，一切的生产都应当以它为前提条件！安全生产是我们在劳动过程中必须要遵守的劳动规程，安全生产是劳动者在生产劳动中的安全保障！安全生产要以人为本，人是生产劳动的主角，安全生产是为了保护人的生命及财产安全，因此，在进入生产场地前，必须弄清安全生产的一切规范。在生产场地常常会见到下图所示的宣传画，显示着安全的重要性。

车间安全画

1

1. 数控铣工安全操作规程

1）工作时应穿工作服，女同学戴工作帽，并将头发全部塞进帽子，不宜戴首饰操作机床，禁止戴手套操作机床。

2）不要移动或损坏安装在机床上的警告标牌。

3）机床开始工作前要预热，认真检查润滑系统工作是否正常，如机床长时间未开动，可先采用手动方式向各部分供油润滑。

4）使用的刀具应与机床允许的规格相符，有严重破损的刀具要及时更换。

5）刀具安装好后应进行一、二次试切。

6）认真检查夹具工件是否夹紧。

7）禁止用手或其他方式接触正在旋转的主轴、工件或其他运动部位。

8）禁止在加工过程中测量工件、变速，更不能用棉丝擦拭工件，也不能清扫机床。

9）在加工过程中，不允许打开机床防护门。

10）及时清除切屑、擦拭机床，检查润滑油，切削液的状态及时添加或更换。

11）工作结束后，依次关掉机床操作面板上的电源和总电源。

2. 常见安全标志

注意安全　　　　当心触电　　　　当心机械伤人　　　　当心手臂

当心吊物　　　　当心碰头　　　　当心机械伤人　　　　禁止烟火

常见安全标志

安全标志是向工作人员警示工作场所或周围环境的危险状况，指导人们采取合理行为的标志。安全标志能够提醒工作人员预防危险，从而避免事故发生；当危险发生时，能够指示人们尽快逃离，或者指示人们采取正确、有效、得力的措施，对危害加以遏制。安全标志不仅类型要与所警示的内容相吻合，而且设置位置要正确合理，否则就难以真正充分发挥其警示作用，常见安全标志如上图。

二、数控铣床的日常维护保养

1. 提高操作人员的综合素质

数控机床的使用难度比使用普通机床要大，因为数控机床是典型的机电一体化产品，其操作牵涉的知识面较宽，即操作者应具有机、电、液、气等更宽广的专业知识；再有，由于其电气控制系统中的 CNC 系统升级、更新换代比较快，如果不定期参加专业理论培训学习，则不能熟练掌握新的 CNC 系统使用方法。因此，对操作人员的素质及设备操作等要求很高。首先，必须对数控操作人员进行培训，使其对机床原理、性能、润滑部位及其方式，进行较系统的学习，为更好的使用机床奠定基础。其次，在数控机床的使用与管理方面，应制订一系列切合实际、行之有效的措施。

2. 数控机床的使用环境要求

由于数控机床中含有大量的电子元件，不宜用阳光直接照射，也怕潮湿和粉尘、振动等，这些均可使电子元件受到腐蚀变坏或造成元件间的短路，引起机床运行不正常。因此，对于数控机床的使用环境，应做到保持清洁、干燥、恒温和无振动；对于其电源，应保持稳压，一般只允许 ±10% 的波动。

3. 严格遵循操作规程

无论是什么类型的数控机床，它都有一套自己的操作规程，这既是保证操作人员人身安全的重要措施，也是保证设备安全使用、产品质量等的重要措施。因此，使用者必须按照操作规程正确操作，如果机床第一次使用或长期没使用时，应先使其空转几分钟，并要特别注意使用中开机、关机的顺序。

4. 日常维护和保养

日常维护和保养

序号	检查部位	检查内容与要求
1	润滑	检查润滑油的油面、油量，并及时补充；观察液压泵工作是否正常（能否定时启动、加油及停止），导轨各润滑点加油时是否有润滑油流出等
2	X、Y、Z 及回旋轴导轨	清除导轨面上的切屑、切削液等杂物，检查导轨润滑油是否充分，导轨面上无划伤及锈斑，导轨防尘刮板上有无夹带铁屑。如果是安装滚动滑块的导轨，导轨上出现划伤时，检时应检查滚动滑块

(续)

序号	检查部位	检查内容与要求
3	压缩空气气源	检查气源供气压力是否正常，空压机应注意及时排水
4	机床进气口的油水自动分离器和自动空气干燥器	及时清理分水器中滤出的水分，加入足够润滑油，注意空气干燥器是否能自动工作、干燥剂是否饱和
5	机床液压系统	油箱、液压泵无异常噪声，压力表指示正常压力，油箱工作油面在允许范围内，回油路上背压不得过高，各管接头无泄漏和明显振动
6	数控系统及输入输出	数控装置启动正常
7	各种电气装置及散热通风装置	数控柜、机床电气柜进气排气扇工作正常，风道过滤网无堵塞，主轴电动机、伺服电动机、冷却风道正常，恒温油箱、液压油箱的冷却散热片通风正常
8	各种防护装置	导轨、机床防护罩应动作灵敏，对刀库防护栏杆、工作区防护栏的检查门开关应动作灵敏

第二节　数控铣床简介

一、数控铣床的主要构成及分类

1. 数控铣床的主要构成

数控铣床一般由铣床床身、数控装置、伺服驱动系统、控制介质四部分组成。

（1）铣床床身

属于数控铣床的机械部件，主要包括导轨、工作台及进给机构等。

（2）数控装置

它是数控铣床的控制核心，接受输入装置送到的数字程序信息，经译码、运算和逻辑处理后，将各种指令信息输出到伺服驱动装置，使设备按规定的动作执行。目前，常用的数控系统有：日本的 FANUC 系统、三菱系统，德国的 SIEMENS 系统，中国的华中世纪星系统等。

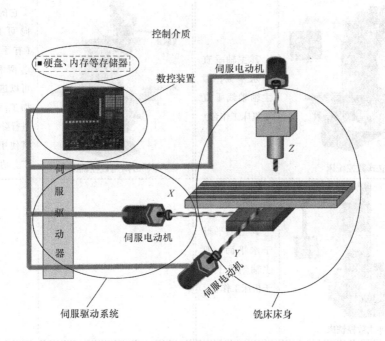

控制介质

硬盘、内存等存储器

伺服电动机

数控装置

伺服驱动器

Z

X

伺服电动机

Y

伺服电动机

伺服驱动系统

铣床床身

数控铣床的主要构成

（3）伺服驱动系统

它是数控铣床执行机构的驱动部件，包括主轴电动机和进给伺服电动机等。

（4）控制介质

主要指人与数控机床之间建立的某种联系，这种联系的媒介物称为控制介质。

2. 数控铣床的分类

数控铣床可以根据不同的方法进行分类：

1）按机床结构特点及主轴布置形式分类，数控铣床可分为立式、卧式和立卧两用三种。

种类	主要特征	种类	主要特征
立式数控铣床	其主轴垂直于水平面，即主轴轴线垂直于机床工作台	立、卧两用数控铣床	它的主轴方向可以更换（有手动与自动两种），既可以进行立式加工，又可以进行卧式加工，其使用范围更广，功能更全
卧式数控铣床	其主轴平行于水平面，即主轴轴线平行于机床工作台		

2）按规格大小的不同，可分为小型、中型及大型三种。

种类	主要特征	种类	主要特征
小型数控铣床	小型数控铣床一般都采用工作台移动、升降主轴不动的方式，该规格多用精密机床	大型数控铣床	大型数控铣床因要考虑到扩大行程，缩小占地面积及刚性等技术问题，往往采用龙门架移动方式，其主轴可以在龙门架的纵向与垂直溜板上运动，而龙门架则沿床身作纵向移动，这类结构又称为龙门数控铣床
中型数控铣床	中型数控铣床一般采用纵向和横向工作台移动，且主轴沿垂直溜板上下运动的方式，该规格多用于经济型机床		

二、数控铣床的主要加工控制功能

各种类型数控铣床所配置的数控系统虽然各不相同，但都具有以下九种主要功能。

功能种类	图　　示	主要功能特征及作用
1. 点位控制功能		点位控制功能可以实现对相对位置精度要求很高的孔系加工，如钻孔、扩孔、铰孔和镗孔等
2. 连续轮廓控制功能		数控铣床通过此功能可以实现直线、圆弧的插补及非圆曲线的加工
3. 刀具半径补偿功能		该功能可补偿刀具之间的长度差，确保数控铣床换刀后顺利进行后续加工
4. 刀具长度补偿功能		该功能可补偿刀具之间的长度差，确保数控铣床换刀后顺利进行后续加工

（续）

功能种类	图 示	主要功能特征及作用
5. 比例及镜像加工功能		比例功能可将编好的加工程序按指定的比例进行缩放加工，该功能主要用于铸造模模芯的加工。镜像加工也称轴对称加工，适用于结构关于坐标轴对称的零件加工
6. 子程序调用功能		若零件在不同的位置上重复出现相同的轮廓形状，可将其一的轮廓形状的加工程序编制成子程序，在需要的位置上重复调用，就可以完成对该零件的加工
7. 旋转功能		该功能可将编好的加工程序在加工平面内旋转任意角度进行加工，如配合子程序调用工功能，可加工出圆周均布的零件结构
8. 宏程序功能		在程序中使用变量，通过对变量进行赋值及处理的方法达到程序功能，这种有变量的程序称为宏程序。利用宏程序编程，可进一步提高数控铣床的使用性能
9. 自诊断功能		自诊断是数控系统在运转中的自我诊断，它是数控系统的一项重要功能，对数控机床的维修具有重要的作用

三、数控铣床的主要加工对象

数控铣床主要用于铣削加工，同时还能进行孔加工，但它用于孔加工时，加工的效率较低。因此，铣削加工是数控铣床的主要加工方式，利用数控铣床可以加工许多普通铣床难以加工甚至无法加工的零件，数控铣削主要适合加工下列三类零件。

零件种类	图 示	主要特征
1. 平面类零件	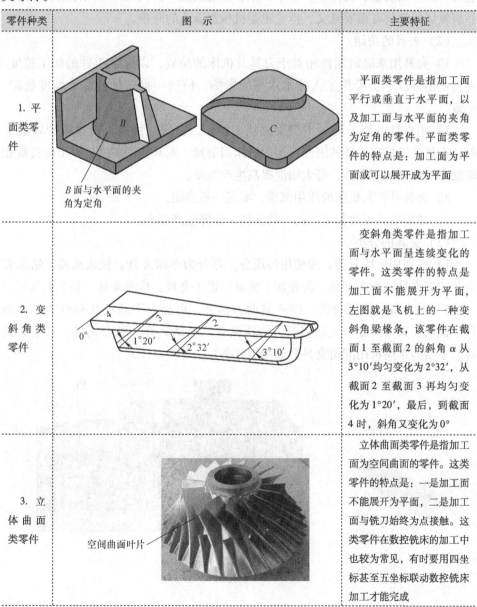 B面与水平面的夹角为定角	平面类零件是指加工面平行或垂直于水平面，以及加工面与水平面的夹角为定角的零件。平面类零件的特点是：加工面为平面或可以展开成为平面
2. 变斜角类零件		变斜角类零件是指加工面与水平面呈连续变化的零件。这类零件的特点是加工面不能展开为平面，左图就是飞机上的一种变斜角梁椽条，该零件在截面 1 至截面 2 的斜角 α 从 3°10′ 均匀变化为 2°32′，从截面 2 至截面 3 再均匀变化为 1°20′，最后，到截面 4 时，斜角又变化为 0°
3. 立体曲面类零件	空间曲面叶片	立体曲面类零件是指加工面为空间曲面的零件。这类零件的特点是：一是加工面不能展开为平面，二是加工面与铣刀始终为点接触。这类零件在数控铣床的加工中也较为常见，有时要用四坐标甚至五坐标联动数控铣床加工才能完成

四、数控铣床的主要工艺装备

1. 夹具

（1）夹具的重要性

机床夹具是工艺装备中的一个主要组成部分，在机械加工中占有重要位置。它对保证产品质量、提高生产效率、减轻劳动强度、扩大机床使用范围、缩短产品研发周期都具有重要意义，但它也是机械制造业的瓶颈。

（2）夹具的功能

1）夹具用来确定工件相对于刀具及机床的位置，以保证工件的加工精度。夹具使用可以不受操作工人技术水平的影响，使同一批工件的加工精度稳定、一致。

2）用夹具夹持工件，不需要划线、找正，方便、快捷，明显减少辅助工时。夹具可以提高工件的刚性，加大机床切削量。尤其使用多件、多工位夹具和辅助高效夹紧机构夹具，可大幅度提高生产效率。

3）夹具可扩大机床的使用范围，实现一机多能。

4）使用夹具可改善工人的劳动条件，保障生产安全。

（3）夹具的分类

1）按使用性质分类。按使用性质分，可分为车床夹具、铣床夹具、钻床夹具、镗床夹具、磨床夹具、齿轮加工夹具、钳工夹具、检测夹具、装配夹具等。

2）按夹紧动力源分类。按夹紧动力源分，可分为手动夹具和机动夹具两种，机动夹具又可分为气动夹具、液压夹具、电动夹具、磁力夹具、真空夹具等。下图为常用机用虎钳夹具和通用组合夹具。

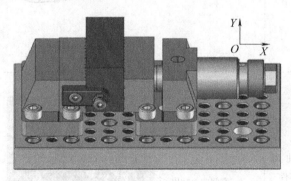

组合夹具

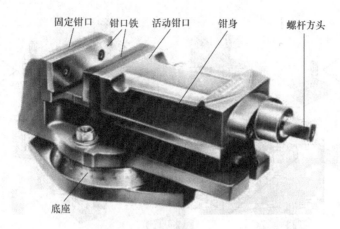

固定钳口　　钳口铁　　活动钳口　　钳身　　　　螺杆方头

底座

机用虎钳

2. 刀具

数控铣刀是用于铣削加工的、具有一个或多个刀齿的旋转刀具。在生产加工过程中，常用的数控铣刀有三种：圆鼻刀、方肩立铣刀、面铣刀等。

圆鼻刀　　　　　　　　方肩立铣刀

面铣刀

常用各种类铣刀

而铣刀主要用于在铣床上加工平面、台阶、沟槽、成形表面和切断工件等。不同的铣刀其加工对象不同，圆鼻刀主要用于加工型面曲面，方肩立铣刀主要用于轮廓加工，面铣刀主要用于加工平面。

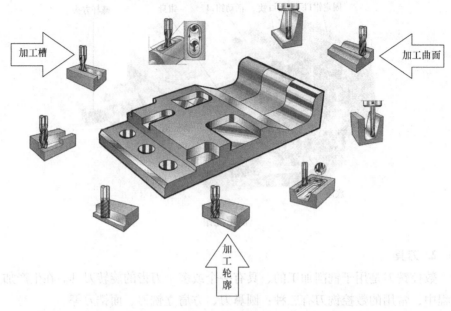

加工槽

加工曲面

加工轮廓

铣刀加工类型

3. 量具

随着数控加工技术的发展，加工产品的高效高精度，量具越来越成为数控加工工艺重要的一个环节，量具决定着数控加工的质量，质量是企业的生命，数控加工的精度要求越高，对量具的要求就越高。下面简单介绍一下数控加工中常用的一些量具和检测工具。

名　称	图　示	用　途
三用 游标 卡尺		测量长度、内外径、深度等

（续）

名称	图　示	用　途
千分尺	内径千分尺 外径千分尺	测量长度、内外径等
百分表		测量形状和位置误差等，如圆度、圆跳动、平面度、平行度、直线度等
三坐标测量仪（高精密测量仪器）		测量物体几何形状、长度及圆周度等行位公差，可测量包括尺寸精度、定位精度、几何精度及轮廓度等精度

第三节　数控铣床的基本操作

一、发那科（FANUC 0i）系统面板及操作

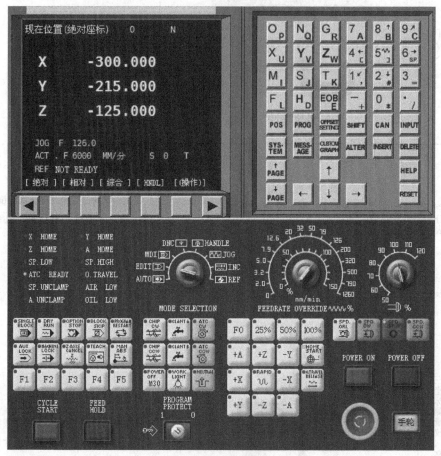

FANUC 0i 系统面板

1. 开机步骤

1）打开机床总电源。

2）按下系统面板上 POWER ON 按钮，将进入系统启动状态。

3）系统启动完成后，观察显示器上是否有报警，如有报警，按下 MESS AGE 按钮进入此页面看报警信息，并解除报警，方可对机床进行下一步操作。比如，显示

的报警为"Emergency stop",顺时针旋转 急停按钮,即可解除报警。当然,机床开机出现的报警不仅仅有急停"Emergency stop",有时,还会出现切削液液面低报警,润滑油液面低报警等。这时,需要采取相应的措施解除报警。

2. 返回参考点

1)检查机床各个轴是否停在极限位置

2)选择"REF"档位,按下"+X""+Y""+Z"按键 ,然后按 即进行回零启动,回到零点后,在 LED 显示界面,显示零点灯亮,即完成回零动作。

3. 手动和手轮操作模式

(1) JOG 手动方式移动坐标轴

1)选择"JOG"档位,进入 JOG 方式。

2)在 中选择一个移动轴及移动方向。

3)调节进给倍率开关旋钮 ,能够改变轴移动的快慢。

4)快速移动调节速度: ,一般刚学习数控铣床时,选择 25%,然后,再选择轴及移动方向按住 加速键,轴即会快速移动。

(2) HANDLE 手轮方式移动坐标轴

1)选择"HANDLE"档位,进入 HANDLE 方式。

2)选择想要移动的轴的档位(OFF、X、Y、Z、A),再选择进给速度(X1、X10、X100)。

3)不同厂家生产出机床手轮一般有两种:一种是有手轮开关,一种没有手轮开关。有手轮开关的在使用时要按下开关,没有则直接使用即可。

4)然后顺时针旋转为轴正向移动,逆时针为轴负向移动。

> **注意**
>
> 数控铣床 X、Y 轴的正方向与笛卡儿坐标系相反,Z 轴同笛卡儿坐标系一样(使用在手动移动轴的情况)。而编辑程序输入坐标时按照笛卡儿坐标系输入。

4. 程序的编制

进行程序编制前要认识键盘上几个编辑修改键，编辑程序时所用的按键有：程式 PROG 、退格 CAN 、替换 ALTER 、插入 INSERT 、删除 DELET 、上档 SHIFT 等。

（1）搜索程序

1）选择编辑（EDIT）模式状态。

2）按程序 PROGRAM 按键进入程序界面。

3）左下端输入栏内输入"OXXXX"（数字），按↑或者↓键即可出现此程序的内容。

（2）程序的输入

1）选择编辑（EDIT）模式状态。

2）按 PROGRAM 按钮进入程序界面。

3）新建程序名，程序名第一个字母为"O＋四位数字"，例如输入"O0001"，按 INSERT 。

4）按 EOB 即显示"；"，按下 INSERT （发那科系统编程习惯每句话后面用"；"隔开，再输入下一句话）。

5）依次如此输入指令代码及相应数字即可，右下角字母的输入，按 SHITE 切换即可。

> **注意**
> 输入过程中程序自动保存到系统内，无须保存程序。

（3）程序的修改

输入程序过程中通常有以下两点需要修改：

1）在输入左下角位置出现"XX"之类重复输入，选择 CAN 键自右向左依次可删除。

2）修改已经输入到程序内的指令代码，把光标移到要修改的指令代码或者字符上，有两种方式可以修改，一种是用 DELET 删除后再输入正确指令代码或者字符，另一种是输入正确指令代码或者字符用"ALTER"键替换所修改的内容即可。

（4）删除程序

1）删除程序的条件是将程序写保护打开。

2）选择 EDIT 档位，进入 PROG 界面。

3）使用 MDI 键盘输入要删除的程序名在 CRT 界面的左下角，直接按 DELET 按键即将程序删除。

（5）关机

按下急停开关→关掉系统电源→关掉机床电源，最后关闭总电源。

二、华中世纪星（HNC－21M）系统面板及操作

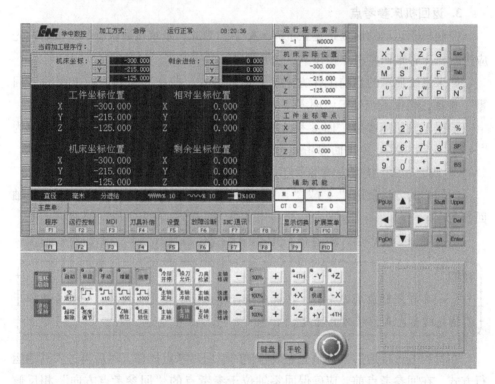

华中世纪星系统面板

1. 上电

1）检查机床状态是否正常。

2）检查电源电压是否符合要求，接线是否正确。

3）按下"急停"按钮。

4）机床上电。

5）数控系统上电。

6）检查风扇电机运转是否正常。

7）检查面板上的指示灯是否正常。

8）接通数控装置电源后，HNC－21M自动运行系统软件。此时，系统上电屏幕（软件操作界面），工作方式为"急停"。

2. 复位

系统上电进入软件操作界面时，系统初始模式显示为"急停"，为使控制系统运行，需顺时针旋转操作面板右上角的"急停"按钮使系统复位，并接通伺服电源。系统默认进入"手动"方式，软件操作界面的工作方式变为"手动"。

3. 返回机床参考点

控制机床运动的前提是建立机床坐标系，为此，系统接通电源、复位后首先应进行机床各轴回参考点操作 🔲 。方法如下：

如果系统显示的当前工作方式不是回零方式，按一下控制面板上面的"回零"按键，确保系统处于"回零"方式。

根据 X 轴机床参数"回参考点方向"，按一下"＋X"（"回参考点方向"为"＋"）或"－X"（"回参考点方向"为"－"）按键，X 轴回到参考点后，"＋X"或"－X"按键内的指示灯亮；

用同样的方法使用"＋Y""－Y""＋Z""－Z"按键，可以使 Y 轴、Z 轴回参考点。

所有轴回参考点后，即建立了机床坐标系。

> **注意**
>
> 回参考点时应确保安全，在机床运行方向上不会发生碰撞，一般应选择 Z 轴先回参考点，将刀具抬起。

在每次电源接通后，必须先完成各轴的返回参考点操作，然后再进入其他运行方式，在回参考点前，应确保回零轴位于参考点的"回参考点方向"相反侧（如 X 轴的回参考点。方向为负，则回参考点前，应保证 X 轴当前位置在参考点的正向侧）；否则应手动移动该轴直到满足此条件。

在回参考点过程中，若出现超程，请按住控制面板上的"超程解除"按键，向相反方向手动移动该轴使其退出超程状态。

4. 急停

机床运行过程中，在危险或紧急情况下，按下"急停"按钮" ⊙ "，CNC即进入急停状态，伺服进给及主轴运转立即停止工作（控制柜内的进给驱动电源被切断）；松开"急停"按钮（左旋此按钮，自动跳起），CNC 进入复位状态。

解除紧急停止前，先确认故障原因是否排除，且紧急停止解除后应重新执行回参考点操作，以确保坐标位置的正确性。

> **注意**
> 在上电和关机之前应按下"急停"按钮以减少设备电冲击。

5. 手动操作

1）手动移动机床坐标轴（点动、增量、手摇）。

2）手动控制主轴（制动、启停、冲动、定向）。

3）机床锁住、Z 轴锁住。

4）刀具松紧、切削液启停。

5）手动数据输入（MDI）运行。

机床手动操作主要由手持单元和机床控制面板共同完成，机床控制面板如下图所示。

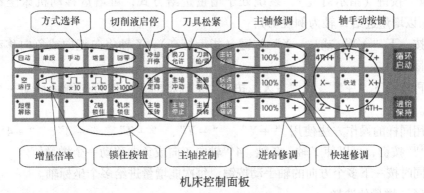

机床控制面板

（1）坐标轴移动

手动移动机床坐标轴的操作由手持单元和机床控制面板上的方式选择、轴手动、增量倍率、进给修调、快速修调等按键共同完成。

（2）手动进给

按一下"手动"按键（指示灯亮），系统处于手动运行方式，可点动移动机床坐标轴（下面以点动移动 X 轴为例说明）：

按压"＋X"或"－X"按键（指示灯亮），X 轴将产生正向或负向连续移动。

松开"＋X"或"－X"按键（指示灯灭），X 轴即减速停止。

用同样的操作方法使用"+Y""-Y""+Z""-Z""+4TH""-4TH"按键，可以使 Y 轴、Z 轴、4^TH轴产生正向或负向连续移动。

（3）手动快速移动

在手动进给时，若同时按压"快进"按键，则产生相应轴的正向或负向快速运动。

（4）手动进给速度选择

在手动进给时，进给速率为系统参数"最高快移速度"的 1/3 乘以进给修调选择的进给倍率。

点动快速移动的速率为系统参数"最高快移速度"乘以快速修调选择的快移倍率。

按压进给修调或快速修调右侧的"100%"键（指示灯亮），进给或快速修调倍率被置为100%，按一下"+"按键，修调倍率递增2%，按一下"-"按键，修调倍率递减2%。

（5）增量进给

当手持单元的坐标轴选择波段开关置于"Off"档时，按一下控制面板上的"增量"按键（指示灯亮），系统处于增量进给方式，可增量移动机床坐标轴（下面以增量进给 X 轴为例说明）：

按一下"+X"或"-X"按键（指示灯亮），X 轴将向正向或负向移动一个增量值。

再按一下"+X"或"-X"按键，X 轴将向正向或负向继续移动一个增量值。

用同样的操作方法使用"+Y"、"-Y"、"+Z"、"-Z"、"+4TH"、"-4TH"按键，可以使 Y 轴、Z 轴、4^TH轴向正向或负向移动一个增量值。

同时按一下多个方向的轴手动按键，每次能增量进给多个坐标轴。

（6）增量值选择

增量进给的增量值由"×1""×10""×100""×1000"四个增量倍率按键控制。增量倍率按键和增量值的对应关系见下表。

增量倍率按键	×1	×10	×100	×1000
增量值/mm	0.001	0.01	0.1	1

注意

这几个按键互锁，即按一下其中一个（指示灯亮），其余几个会失效（指示灯灭）。

（7）手摇进给

当手持单元的坐标轴选择波段开关置于"X""Y""Z""4TH"档时，按一下控制面板上的"增量"按键（指示灯亮），系统处于手摇进给方式，可手摇进给机床坐标轴（下面以手摇进给 X 轴为例说明）：

手持单元的坐标轴选择波段开关置于"X"档。

旋转手摇脉冲发生器，可控制 X 轴正、负向运动。

顺时针/逆时针旋转手摇脉冲发生器一格，X 轴将向正向或负向移动一个增量值。

用同样的操作方法使用手持单元，可以使 Y 轴、Z 轴、4TH 轴向正向或负向移动一个增量值。

手摇进给方式每次只能增量进给 1 个坐标轴。

（8）手摇倍率选择

手摇进给的增量值（手摇脉冲发生器每转一格的移动量）由手持单元的增量倍率波段开关"×1""×10""×100"控制。增量倍率波段开关的位置和增量值的对应关系见下表。

位　置	×1	×10	×100
增量值/mm	0.001	0.01	0.1

6. 关机

按下"急停"按钮→关掉系统电源→关掉机床电源，最后关闭总电源。

三、加工坐标系的设定

对刀是为了在机床上确立工件坐标系，进行零件加工。对刀一般都是先对 Z 轴，然后，分别是 X 轴和 Y 轴，在对刀的同时，要把机械坐标值设置到相应的工件坐标系中（G54～G59 坐标系中）

1. Z 轴对刀步骤

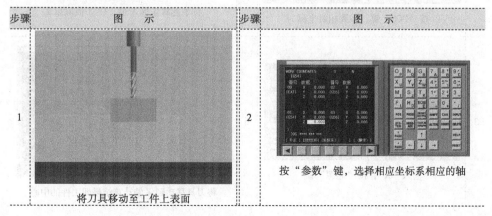

步骤	图　示	步骤	图　示
1	将刀具移动至工件上表面	2	按"参数"键，选择相应坐标系相应的轴

（续）

步骤	图　示	步骤	图　示
3	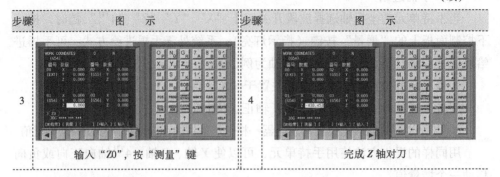 输入"Z0"，按"测量"键	4	完成 Z 轴对刀

2. X 轴对刀步骤

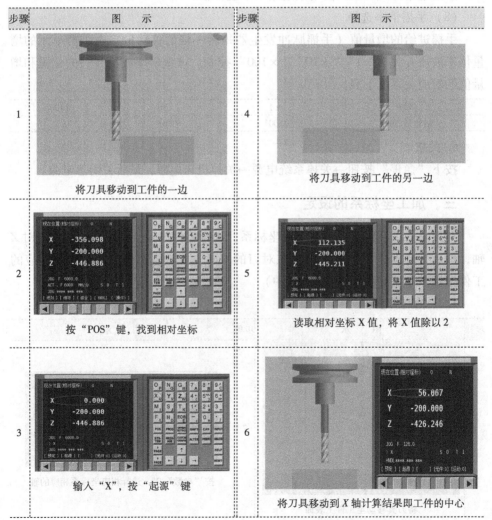

步骤	图　示	步骤	图　示
1	将刀具移动到工件的一边	4	将刀具移动到工件的另一边
2	按"POS"键，找到相对坐标	5	读取相对坐标 X 值，将 X 值除以 2
3	输入"X"，按"起源"键	6	将刀具移动到 X 轴计算结果即工件的中心

（续）

步骤	图　示	步骤	图　示
7	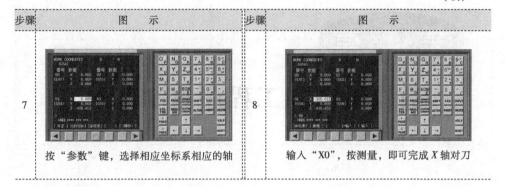 按"参数"键，选择相应坐标系相应的轴	8	输入"X0"，按测量，即可完成 X 轴对刀

3. Y 轴的对刀

Y 轴的对刀步骤方法和 X 轴的一样，将 X 方向换成 Y 方向即可。

思考及提高

易出现的错误	可能出现的后果	易出现的错误	可能出现的后果
X/Y 轴对刀出现偏差或坐标系参数输入不正确，导致零点偏移	工件加工轮廓位置偏差或错误	Z 轴对刀出现偏差或 Z 坐标系参数输入不正确，导致 Z 向出现偏差	加工轮廓的深度不正确，或者导致撞刀、撞机

23

第二章

数控铣削加工程序编制基础

第一节　数控铣削加工编程基本指令

一、数控程序结构与格式

每一种数控系统，根据系统本身的特点与编程的需要，都有一定的程序格式。对于不同的数控系统，其程序格式也不尽相同。因此，编程人员在按数控程序的常规格式进行编程的同时，还必须严格遵守系统说明书中规定的格式。

1. 数控程序结构

一个完整的程序由程序名、程序内容和程序结束组成：

O0010;　　　　　　　　　程序名

G90 G94 G40 G17 G21 G54;

G91 G28 Z0;

G90 G00 X－16.0 Y840.0;

　　Z20.0;　　　　　　　　程序内容

M03 S600 M08;

…

G00 Z50.0 M09;　　　　　程序结束

M30;

现以 FANUC 系统为例，编制一整圆加工程序：

图形	加工实物图	加工程序
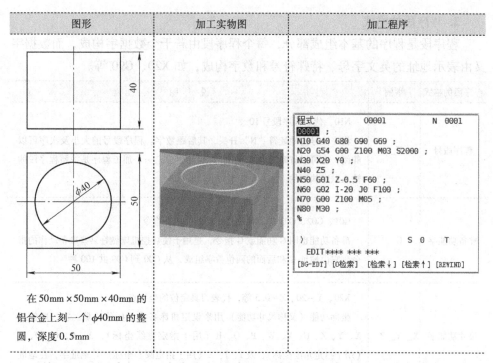 在 50mm×50mm×40mm 的铝合金上刻一个 $\phi40$mm 的整圆，深度 0.5mm		程式 O0001 N 0001 O0001 ; N10 G40 G80 G90 G69 ; N20 G54 G00 Z100 M03 S2000 ; N30 X20 Y0 ; N40 Z5 ; N50 G01 Z-0.5 F60 ; N60 G02 I-20 J0 F100 ; N70 G00 Z100 M05 ; N80 M30 ; % 〉 S 0 T EDIT**** *** *** [BG-EDT] [O检索] [检索↓] [检索↑] [REWIND]

从上面可以看出，一个完整的程序由程序名、程序内容和程序结束标记三部分组成。

数控程序结构	举 例	说 明
程序名	O0001	程序名写在程序的最前面，必须单独占一行 FANUC 系统程序号的书写格式为字母"O"及后续的四位数字，数字前的零可省略，如写成"O1"；而华中系统中还可用"%"代替"O"
程序内容	N10 G90 G40 G80； N20 G54 G00 Z100 M03 S2000； N30 X20 Y0； N40 Z5； N50 G94 G01 Z−0.5 F60； N60 G02 I−20 J0 F100； N70 G00 Z100 M05；	程序内容是整个程序的核心，由许多程序段组成。它包括了所有的加工信息，如加工轨迹、主轴和切削液开关等。如"N30 X20 Y0"，表示刀具快速定位至工件坐标点X20 Y0
程序结束	N80 M30；	程序结束通过 M 指令来实现，它必须写在程序的后面，单独占一行 FANUC 系统用 M30 或 M02 表示程序结束，M30 并返回程序起点

2. 程序段的格式

程序段是程序的基本组成部分，每个程序段由若干个数据字构成，而数据字又由表示地址的英文字母、特殊符号和数字构成，如 X20、G90 等。

程序段的格式	举例	说　明
程序段号	N_	N10，代表程序段号 10 程序段号由地址符"N"开头，其后跟数字。程序段号的大小及次序可以颠倒，也可以省略，也可以由机床自动生成。一个加工程序是按照程序段的输入顺序执行的
准备功能字	G_	G01、G02、G03 等，代表直线和圆弧插补指令 准备功能也叫 G 功能或 G 指令，是用于使数控机床做好某些准备动作的指令。它由地址 G 和后面的两位数字组成，从 G00 到 G99 共 100 种
尺寸功能字	X_ Y_ Z_	X20、Y−20、Z−0.5 等，代表刀具定位的坐标点 坐标功能（又称尺寸功能）用来设定机床各坐标的位移量。它一般使用 X、Y、Z、U、V、W、P、Q、R（用于指定直线坐标），A、B、C、D、E（用于指定角度坐标），及 I、J、K（用于指定圆心坐标）等地址字，在地址字后紧跟"＋"或"−"号及一串数字
进给功能字	F_	F100，代表刀具相对工件进给速度为 100mm/min 用来指定刀具相对于工件运动速度的功能称为进给功能，由地址字 F 和后面的数字组成。根据加工的需要，进给功能分每分钟进给和每转进给两种 1）每分钟进给。直线运动的单位为毫米/分钟（mm/min）；如果主轴是回转轴，则其单位为度/分钟（°/min）。每分钟进给通过准备功能字 G94（FANUC0−TD 车床用 G98）来指定，其值为大于零的常数 例"N50 G94 G01 Z−2 F100 ；"中 F100 表示进给速度为 100mm/min。 2）每转进给。在加工螺纹、镗孔过程中，常使用每转进给来指定进给速度，其单位为毫米/转（mm/r），通过准备功能字 G95 来指定 例"G95G01X20.0F0.2；"中 F0.2 表示进给速度为 0.2mm/r
辅助功能字	M_	M03、M05、M30 等，分别代表主轴正转、主轴停、主程序停 辅助功能也叫 M 功能或 M 指令。它由地址 M 和后面的两位数字组成，从 M00 到 M99 共 100 种 辅助功能是控制机床或系统的开、关等辅助动作的功能指令，如：开、停冷却泵，主轴正、反转，程序的结束等

（续）

程序段的格式	举例	说　　明
刀具功能字	T_	T01，代表 01 刀具号位的刀具 刀具功能是指系统进行选刀或换刀的功能指令，也称为 T 功能。刀具功能用地址字 T 及后缀的数字来表示，常用刀具功能指定方法有 T4 位数法和 T2 位数法 1）T4 位数法。T4 位数法可以同时指定刀具和选择刀具补偿，其 4 位数的前两位数用于指定刀具号，后两位数用于指定刀具补偿存储器号，刀具号与刀具补偿存储器号不一定要相同。目前大多数控车床采用 T4 位数法 例"T0101；"表示选用 1 号刀具及选用 1 号刀具补偿存储器中的补偿值 2）T2 位数法。T2 位数法仅能指定刀具号，刀具补偿存储器号则由其他代码（如 D 或 H 代码）进行选择。同样，刀具号与刀具补偿存储器号不一定要相同。目前绝大多数加工中心采用 T2 位数法 例"T15D01；"表示选用 15 号刀具及选用 1 号刀具补偿存储器中的补偿值
主轴功能字	S_	S2000，代表主轴转速为 2000r/min 用来控制主轴转速的功能称为主轴功能，也称为 S 功能，由地址字 S 和后面的数字组成。根据加工的需要，主轴的转速分为转速和线速度两种 1）转速。转速的单位是转/分钟（r/min），用准备功能字 G97 来指定，其值为大于 0 的常数 例"G97 S2000；"表示主轴转速为 2000r/min 2）线速度。在加工过程中为了保证工件表面的加工质量，转速常用线速度来指定，线速度的单位为米/分钟（m/min），用准备功能字 G96 来指定。采用线速度进行编程时，为防止转速过高引起事故，有很多系统都设有最高转速限定指令 例"G96S100；"表示主轴线速度为 100m/min。线速度与转速之间可以进行换算，其关系可用以下公式表示 $$v = \frac{\pi D n}{1000} \qquad n = \frac{1000v}{\pi D}$$ 式中　v——切削线速度（m/min）； 　　　D——刀具直径（mm）； 　　　n——主轴转速（r/min）。

二、数控铣床的坐标系、坐标原点及坐标轴运动代号

1. 数控机床坐标系

（1）数控机床坐标系的作用

数控机床坐标系是为了确定工件在机床中的位置、机床运动部件特殊位置及

运动范围，即描述机床运动，产生数据信息而建立的几何坐标系。通过建立机床坐标系，可确定机床位置关系，获得所需的相关数据。

（2）数控机床坐标系的定义

在数控机床上加工零件，机床的动作是由数控系统发出的指令来控制的。为了确定机床的运动方向和移动距离，就要在机床上建立一个坐标系，这个坐标系就称机床坐标系，也称标准坐标系。

（3）数控机床坐标系确定依据

数控机床坐标系的确定，依据为国际上统一的 ISO841 标准。

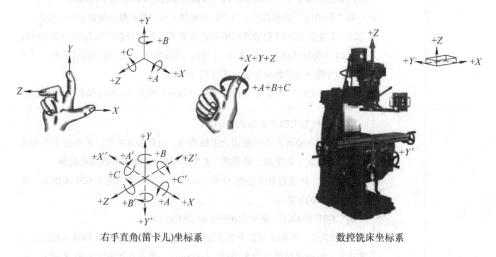

右手直角(笛卡儿)坐标系　　　　　　　　　数控铣床坐标系

（4）数控机床坐标系确定方法

标准坐标系采用右手直角笛卡儿直角坐标系，它规定了直角坐标系 X、Y、Z 之间的关系及其正方向。

① 假设	工件固定，刀具相对工件运动	
②标准	采用右手笛卡儿直角坐标系	
	拇指为 X 向	
	食指为 Y 向	
	中指为 Z 向	
	绕 X 轴回转的坐标轴用 A 表示	
	绕 Y 轴回转的坐标轴用 B 表示	
	绕 Z 轴回转的坐标轴用 C 表示	

（续）

③ 顺序	先确定 Z 轴	机床主轴
	再确定 X 轴	装夹平面内的水平方向，它垂直于 Z 轴且平行于工件的装夹平面 对于立式铣床，水平向右的方向为 X 轴的正方向
	最后确定 Y 轴	由右手笛卡儿直角坐标系确定
④ 方向	刀具远离工件的方向为正方向	

2. 数控机床原点与机床参考点

下图为数控铣床的机床原点和参考点的位置。

名称	定　义
机床原点	机床原点（也称为机床零点）是机床上设置的一个固定的点，即机床坐标系的原点。它在机床装配、调试时就已调整好，一般情况下不允许用户进行更改，因此它是一个固定的点 机床原点是数控机床进行加工运动的基准参考点，数控铣床（加工中心）的机床原点一般设在刀具远离工件的极限点处，即坐标系正方向的极限点处，并由机械挡块来确定其具体的位置
机床参考点	机床参考点是数控机床上一个特殊位置的点，通常第一参考点一般位于靠近机床原点的位置，并由机械挡块来确定其具体的位置。机床参考点与机床原点的距离由系统参数设定，其值可以是零，如果其值为零则表示机床参考点和机床原点重合 对于大多数数控机床，开机第一步总是先使机床返回参考点（即所谓的机床回零）。当机床处于参考点位置时，系统显示屏上显示的机床坐标系值就是系统中设定的参考点距离参数值。开机回参考点的目的是建立机床坐标系，即通过参考点当前的位置和系统参数中设定的参考点，与机床原点的距离值来反推出机床原点位置

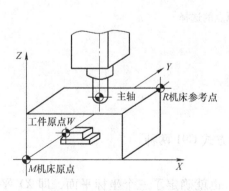

数控铣床的机床原点和参考点的位置

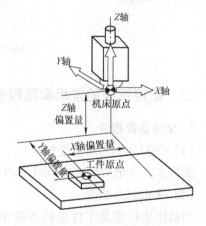

工件坐标系与机床坐标系偏置关系

3. 工件坐标系

工件坐标系的定义	建立机床坐标系保证了刀具在机床上正确运动。但是，由于编制加工程序通常是针对某一工件，是根据零件图样进行的，为了便于尺寸计算、检查，加工程序的坐标原点一般都与零件图样的尺寸基准相一致。这种针对某一工件，根据零件图样建立的坐标系称为工件坐标系（也称编程坐标系）
工件坐标系的原点	工件坐标系原点（工件原点）又称编程坐标系原点，该点是指工件装夹完成后，选择工件上的某一点作为编程或工件加工的原点。工件坐标系原点在图中以符号"⊕"表示
工件坐标系原点的选择	1）工件坐标系原点应选在零件图的尺寸基准上，以便于坐标值的计算，减少错误 2）工件坐标系原点应尽量选在精度较高的工件表面上，以提高被加工零件的加工精度 3）Z轴方向上的工件坐标系原点，一般取在工件的上表面 4）当工件对称时，一般以工件的对称中心作为XY平面的原点 5）当工件不对称时，一般取工件其中的一个垂直交角处作为工件原点

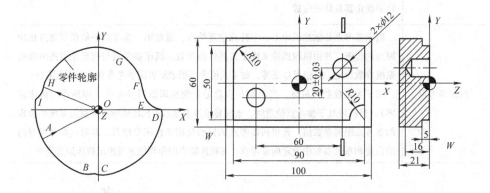

工件坐标系原点的选择

三、数控铣床的常用编程指令

1. 坐标功能指令

（1）绝对坐标与增量坐标

编程方式有绝对值方式 G90 和增量值方式 G91 两种。

（2）平面选择指令

当机床坐标系及工件坐标系确定后，也就确定了三个坐标平面，即 XY 平面、ZX 平面和 YZ 平面，可分别用 G 代码 G17、G18、G19 表示这三个平面。

指令代码	功能	注解	图示	点坐标	程序
G90	绝对坐标编程	程序中坐标功能字后面的坐标是以原点作为基准表示刀具终点的绝对坐标	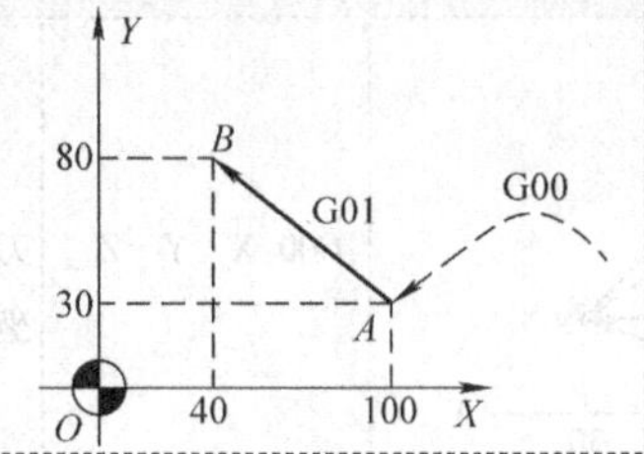	A、B 两点坐标值均以固定坐标原点 O 计算,其值为 A(100, 30) B(40, 80)	G90; G00 X100 Y30; G01 X40 Y80;
G91	增量坐标编程	程序中坐标功能字后面的坐标是以刀具起点作为基准,则表示刀具终点相对于刀具起点坐标值的增量	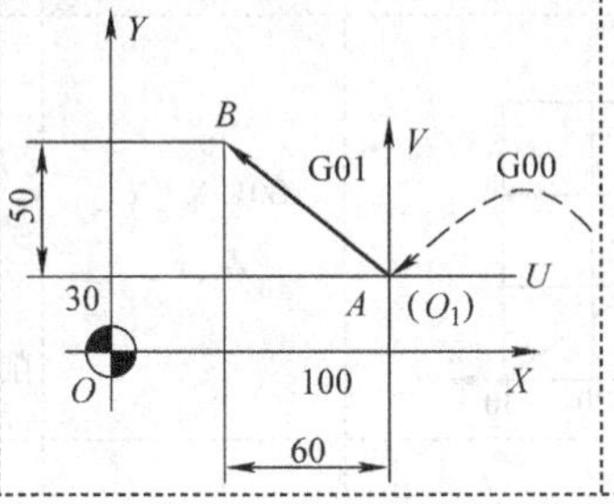	B 点坐标值相对于之前的 A 点给出,其值为 B(−60, 50)	G00 X100 Y30; G91 G01 X−60 Y50;

指令代码	图 示	功 能
G17	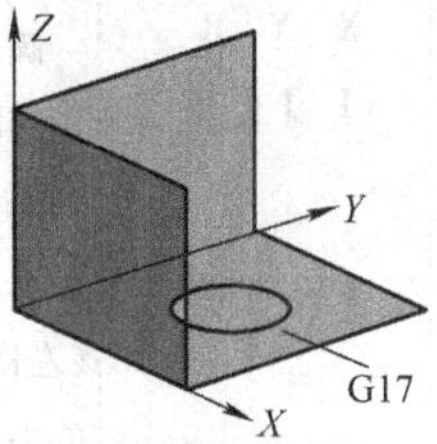	XY 平面
G18	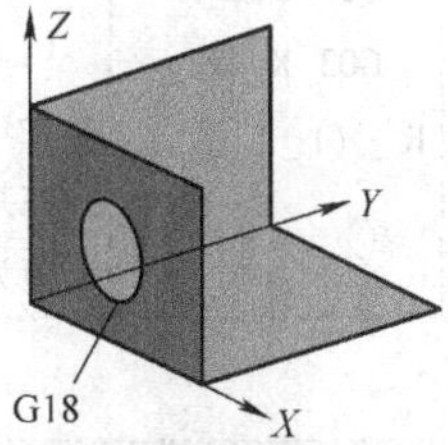	ZX 平面
G19	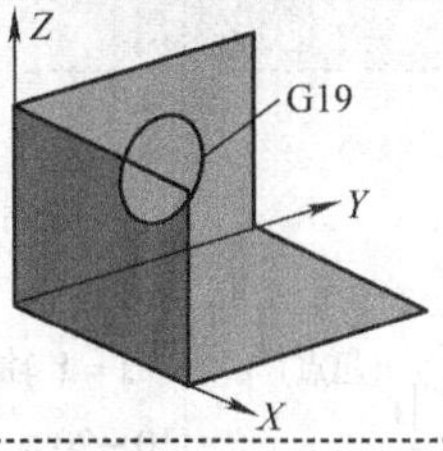	ZY 平面

2. 与插补相关的功能指令

插补指令用来规定刀具和工件的相对运动轨迹。

指令代码	功能	运动轨迹	图解	一般格式	注解	编程举例
G00	快速点定位指令	直线、折线		G00 X_ Y_ Z_	X_Y_Z_为刀具目标点坐标	从 O 点快速定位至 A 点： G00 X30.0 Y10.0； 从 A 点快速定位至 D 点： G00 X0 Y30.0
G01	直线插补指令	直线		G01 X_ Y_ Z_ F_	X_Y_Z_为刀具目标点坐标 F_为刀具切削的进给速度	从 C 点直线走刀至 D 点： G01 X0 Y20.0 F100
G02	顺圆插补指令	圆弧		G17/G18/19 G02 X_ Y_ R_ (I_J_) F_	X_Y_Z_为刀具目标点坐标 F_为刀具切削的进给速度 R_为圆弧半径 圆弧半径 R 有正值与负值之分 当圆弧圆心角≤180°（左图中的圆弧 AB_1）时，程序中的 R_用正值表示。当圆弧圆心角为 180°~360°（左图中的圆弧 AB_2）时，R_用负值表示 I_J_K_为圆弧的圆心相对其起点分别在 X、Y、Z 轴上的增量值 在判断 I_J_K_时，一定要注意该值为矢量值	
G03	逆圆插补指令	圆弧		G17/G18/19 G03 X_ Y_ R_ (I_J_) F_		

3. 圆弧编程要点

项目	图示	举例
I、J、K 值的计算	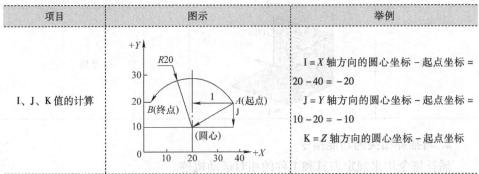	I = X 轴方向的圆心坐标 − 起点坐标 = 20 − 40 = −20 J = Y 轴方向的圆心坐标 − 起点坐标 = 10 − 20 = −10 K = Z 轴方向的圆心坐标 − 起点坐标

（续）

项目	图示	举例
R 及 I、J 取值	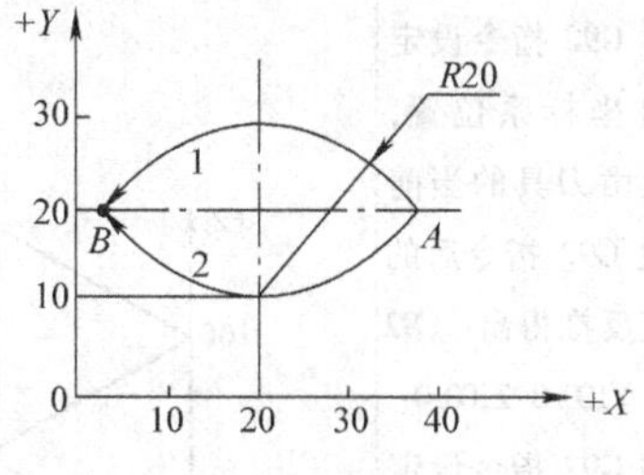	AB_1： G03 X2.68 Y20.0 R20.0； 或 G03 X2.68 Y20.0 I－17.32 J－10.0； AB_2： G02 X2.68 Y20.0 R20.0； 或 G02 X2.68 Y20.0 I－17.32 J10.0；
R 值正负的判别	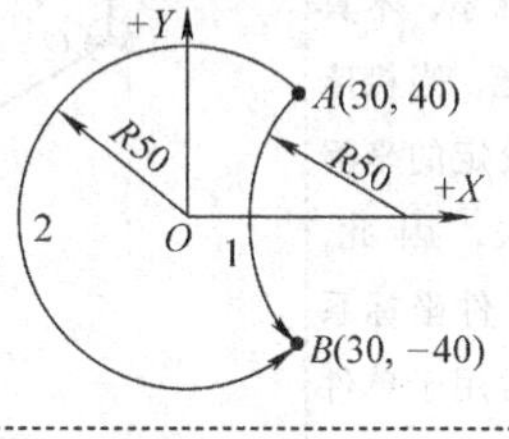	AB_1： G03 X30.0 Y－40.0 R50.0 F100； AB_2： G03 X30.0 Y－40.0 R－50.0 F100；
整圆加工	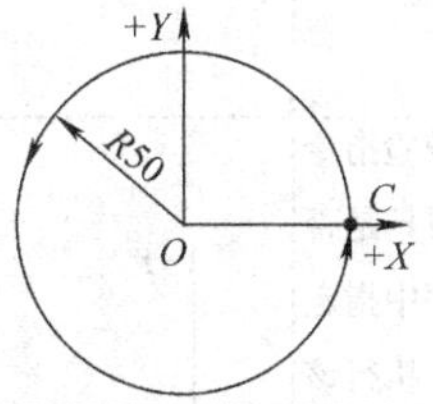	G03 X50.0 Y0 I＿50.0 J0； 或简写成 G03 I－50.0；

4. 与坐标系相关的功能指令

指令代码	指令格式	指令说明	图示
工件坐标系原点偏移及取消指令（G54 ~ G59、G53）	G54 ~ G59：程序中设定工件坐标系 G53：程序中取消工件坐标系设定，即选择机床坐标系	找出工件坐标系在机床坐标系中位置的过程称为对刀 设定工件坐标系的实质就是在编程与加工之前让数控系统知道工件坐标系在机床坐标系中的具体位置。通过这种方法设定的工件坐标系，只要不对其进行修改、删除操作，该工件坐标系将永久保存，即使机床关机，其坐标系也会保留	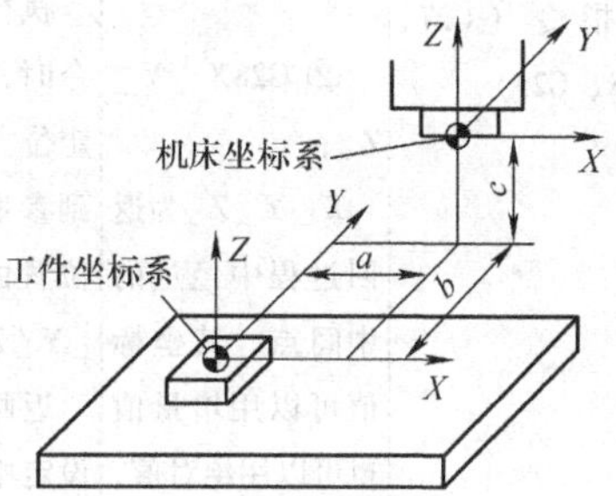

33

（续）

指令代码	指令格式	指令说明	图示
工件坐标系设定指令（G92）	G92X＿Y＿Z＿；X＿Y＿Z＿为刀具当前位置相对于新设定的工件坐标系的新坐标值	通过 G92 指令设定的工件坐标系位置，实际上由刀具的当前位置及 G92 指令后的坐标值反推得出；G92 X150.0 Y100.0 Z100.0；采用 G92 指令设定的工件坐标系，不具有记忆功能，当机床关机后，设定的坐标系即消失，因此，G92 设定工件坐标系的方法通常用于单件加工	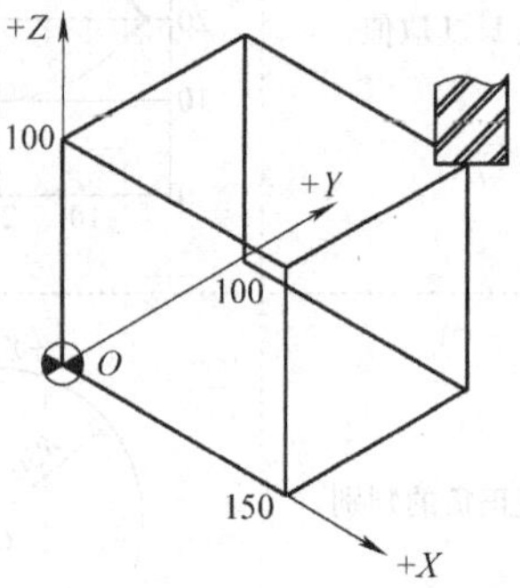
返回参考点三种指令（G27、G28、G29）	① G27X＿Y＿Z＿；X＿Y＿Z＿为参考点在工件坐标系中的坐标值	返回参考点校验指令 G27 用于检查刀具是否正确返回到程序中指定的参考点位置。执行该指令时，如果刀具通过快速定位指令 G00 正确定位到参考点上，则对应轴的返回参考点指示灯亮，否则将产生机床系统报警	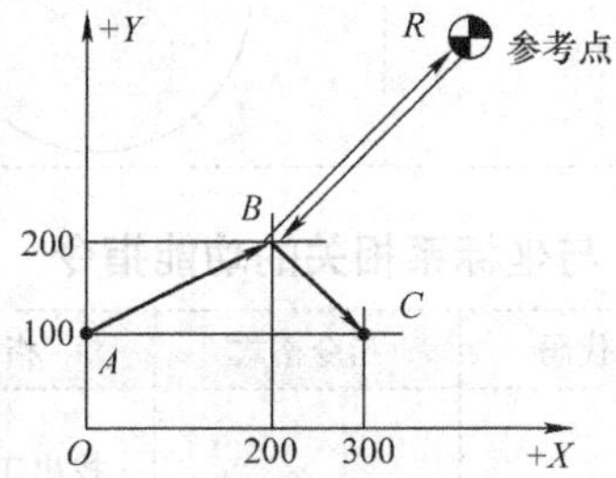 G28 返回参考点：$A \to B \to R$G29 从参考点返回：$R \to B \to C$G91 G28 X200.0 Y100.0 Z0.0；（增量坐标方式经中间点返回参考点）M06 T01；（换刀）G29 X100.0 Y－100.0 Z0.0；（从参考点经中间点返回）或G90 G28 X200.0 Y200.0 Z0.0；（绝对坐标方式经中间点返回参考点）
	② G28X＿Y＿Z＿；X＿Y＿Z＿为返回过程中经过的中间点，其坐标值可以用增量值也可以用绝对值，但需用 G91 或 G90 指令	执行返回参考点指令时，刀具以快速点定位方式中间点返回到参考点，中间点的位置由该指令后的 X＿Y＿Z＿决定返回参考点过程中，设定中间点的目的是防止刀具在返回参考点过程中与工件或夹具发生干涉	

（续）

指令代码	指令格式	指令说明	图示
返回参考点三种指令（G27、G28、G29）	③ G29X＿Y＿Z＿； X＿Y＿Z＿为从参考点返回后刀具所到达的终点坐标。可用G91/G90指令来决定该值是增量值还是绝对值	由于在编写 G29 指令时有种种限制，而且在选择 G28 指令后，这条指令并不是必需的。因此，建议用 G00 指令来代替 G29 指令	M06 T01； G29 X300.0 Y100.0 Z0.0；

5. 常用 M 功能指令

不同的机床生产厂家对有些 M 代码定义了不同的功能，但有部分 M 代码在所有机床上都具有相同的意义。具有相同意义的常用 M 指令见下表：

序号	代码	功能	序号	代码	功能
1	M00	程序暂停	7	M30	主程序结束
2	M01	程序选择停止	8	M06	刀具交换
3	M02	程序结束	9	M08	切削液开
4	M03	主轴正转	10	M09	切削液关
5	M04	主轴反转	11	M98	调用子程序
6	M05	主轴停转	12	M99	返回主程序

四、子程序调用

在编制加工程序中，有时会遇到一组程序段在一个程序中多次出现，或者在几个程序中都要使用的情况。这个典型的加工程序可以做成固定程序，并单独加以命名，这组程序段就称为子程序。

为了简化程序，可以让子（主）程序调用另一个子程序，这一功能称为子程序的嵌套。

子程序的格式	子程序的调用	子程序的应用示例
O0002； G91G01Z－1.0； …… G91G28Z0； M99；（用 M99 表示子程序结束）	格式一： M98P××××L□□□□； 地址 P 后面的四位数字为子程序号； 地址 L 后面的数字表示重复调用的次数。 如 M98P2； （调用子程序 O0002，1 次） M98P2L6； （调用子程序 O0002，6 次） 格式二： M98P□□□□××××； 地址 P 后面的八位数字中，前四为表示调用次数，后四位表示子程序号 如 M98P2006； （调用子程序 O2006，1 次） M98P60002； （调用子程序 O0002，6 次）	用 ϕ8mm 的立铣刀加工 60mm × 60mm 的平面，切削深度 1mm。 主程序： O0001； G40 G69 G80； G17 G54 G90 M3 S1000； G00 Z100； G0 X－28 Y－35；（快速定位至点 1） Z5； G01 Z0 F60；（刀具下降到子程序 Z 向起始点） M98 P2 L6；（或 M98 P60002） （调用子程序三次） G90 G0 Z100； M05； M30； 子程序： O0002； G1 G91 Y70 F128；（轨迹 1～2） X6；（轨迹 2～3） Y－70；（轨迹 3～4） X6；（轨迹 4～5） M99；

思考及提高

1）工件坐标系设定后，00 号 EXT 坐标系的一些妙用如下。

参数输入截图	注释
| ```
WORK COONDATES        00001   N  0001
  (G54)

  番号  数据          番号  数据
  00    X    0.000    02    X  -206.200
  (EXT) Y    0.000    (G55) Y  -120.000
        Z    0.000          Z  -356.200



  01    X  -206.200   03    X    0.000
  (G54) Y  -125.000   (G56) Y    0.000
        Z  -356.200         Z    0.000
  >
  EDIT**** *** ***
[ 补正 ] [SETTING] [坐标系] [    ] [ 操作 ]
``` | 1) 在空运行校验程序时,可以不锁机床和主轴,只要在空运行前,将 00 号 EXT 中的 Z 值设定为一安全值,使机床 Z 坐标抬起一定距离,如 "Z100",就可进行空运行校验<br><br>2) 当铣完平面,可以将铣削深度,如 "Z-1",键入 00 号 EXT 中的 Z 值中,以新铣的平面为工件坐标系 Z 值的零点,提高 Z 方向尺寸的精度 |

2) 了解常用功能指令的属性,避免编程失误。

常用功能指令的属性	注意事项	举例
指令分组,就是将系统中不能同时执行的指令分为一组,并以编号区别。例如 G00、G01、G02、G03 就属于同组指令,其编号为 01 组	不同组的 G 代码在同一程序段中可以指令多个。如果在同一程序段中指令了多个同组的 G 代码,仅执行最后指定的 G 代码,机床此时会出现系统报警	1) G90 G80 G40 G21 G17 G54 G94;(规范正确的程序段,所有指令均不同组) 2) G01 G02 X20.0 Y20.0 R20.0 F100;(是不规范的程序段,其中 G01 与 G02 是同组指令)
模态指令和非模态指令 模态指令表示该指令在某个程序段中一经指定,在接下来的程序段中将持续有效,直到出现同组的另一个指令时,该指令才失效,如常用的 G00、G01、G02 及 F、S、T 等指令 仅在编入的程序段内才有效的指令成为非模态指令,如 G 指令中的 G04 指令	模态指令和尺寸功能字在紧接的后一程序段中重复时,该模态指令或尺寸功能字可以省略	在下列程序段中,有下划线的指令则可以省略其书写和输入: G01 X-27.0 Y-30.0 F150; G01 X-27.0 Y22.0 F150; G02 X-22.0 Y27.0 R5 F150; G01 X22.0 Y27.0 F150; 因此,以上程序可写成: G01 X-27.0 Y-30.0 F150; Y22.0; G02 X-22.0 Y27.0 R5; G01 X22.0;
```

第二节 数控铣削加工程序编制

一、数控铣削加工程序编制的步骤

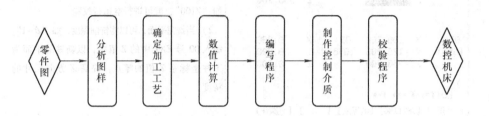

数控铣削加工程序编制的步骤

序号	步骤	注　解
1	分析图样	包括零件轮廓分析，零件尺寸公差、形位公差、表面粗糙度、技术要求的分析，零件材料、热处理等要求的处理
2	确定加工工艺	选择加工方案，确定加工路线，选择定位与夹紧方式，选择刀具，选择各项切削参数，选择对刀点、换刀点
3	数值计算	选择编程原点，对零件图样各基点进行正确的数值计算，为编写程序单做好准备
4	编写程序	根据数控机床规定的指令及程序格式编写加工程序单
5	制作控制介质	简单数控程序直接采用手工输入机床；当程序自动输入机床时，可用移动存储器、硬盘和计算机等作为存储介质，输入机床
6	校验程序	可采用机床空运行、CRT 图形显示、计算机数控模拟仿真等进行机床校验

二、工程图样的处理

数控编程员在拿到加工零件图样后，应根据零件的加工方法、精度要求等进行数据处理，以获得数控编程所需要的数据。

序号	步骤	注解	图示
1	原点的选择	一般程序原点或编程原点选择在零件图的尺寸基准上，以便于坐标值的计算 同一个零件，用同样的加工方法，如果编程原点选择不同，则程序中各基点或节点的尺寸坐标字就不同，如右图 a、b 所示	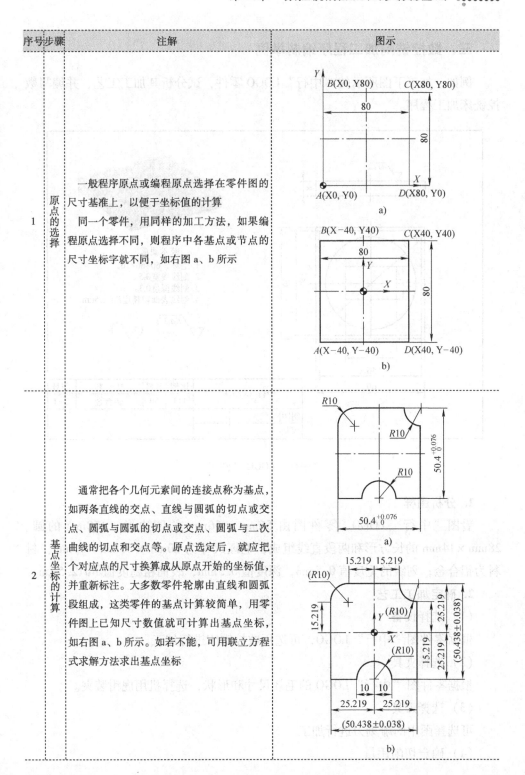
2	基点坐标的计算	通常把各个几何元素间的连接点称为基点，如两条直线的交点、直线与圆弧的切点或交点、圆弧与圆弧的切点或交点、圆弧与二次曲线的切点和交点等。原点选定后，就应把个对应点的尺寸换算成从原点开始的坐标值，并重新标注。大多数零件轮廓由直线和圆弧段组成，这类零件的基点计算较简单，用零件图上已知尺寸数值就可计算出基点坐标，如右图 a、b 所示。如若不能，可用联立方程式求解方法求出基点坐标	

39

三、数控铣削加工程序编制举例

例如，加工下图所示的"中行"LOGO 零件，试分析其加工工艺，并编写数控铣床加工程序。

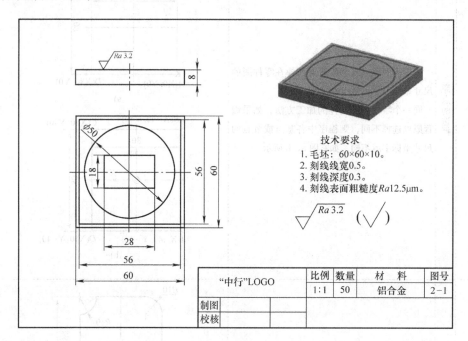

"中行"LOGO 零件图

1. 分析图样

看图"中行"LOGO，零件图由 56mm × 56mm 的四边形、ϕ50mm 的圆、28mm × 14mm 的长方形和两段直线组成；毛坯尺寸为 60mm × 60mm × 10mm，材料为铝合金；划线的宽度值 0.5mm，深度值 0.3mm，表面粗糙度值 Ra12.5μm。

2. 确定加工工艺

（1）选择设备

根据零件图"中行"LOGO，可选用数控铣床进行加工。

（2）选择夹具

根据零件图"中行"LOGO 的毛坯尺寸和形状，选择机用虎钳装夹。

（3）选择刀具

可选择图中的雕刻刀进行加工。

（4）确定切削用量

1）背吃刀量 a_p。采用高速钢刀具粗加工时，背吃刀量一般取刀具直径 D 的 $0.5 \sim 0.8$ 倍，本例中的背吃刀量取 $0.3\mathrm{mm}$。

2）主轴转速 n。查《数控加工工艺学》相关数据表，对于高速钢刀具加工铝合金，切削速度 $v_\mathrm{c} = 180 \sim 300\mathrm{m/min}$，根据公式 $n = \dfrac{1000v_\mathrm{c}}{\pi D}$ 及现场条件，本例中的主轴转速 $n = 7000\mathrm{r/min}$。

雕刻刀

3）进给速度 v_f。查《数控加工工艺学》相关数据表，对于高速钢刀具加工铝合金，每齿进给量 $f_\mathrm{z} = 0.01\mathrm{mm/z}$，刀具齿数 $z_\mathrm{n} = 1$，根据公式 $v_\mathrm{f} = f_\mathrm{z} n z_\mathrm{n}$。根据现场条件，本例中的进给转速 $v_\mathrm{f} = 70\mathrm{mm/min}$。

（5）制订工艺方案

1）本例的加工顺序安排为：先刻 $56\mathrm{mm} \times 56\mathrm{mm}$ 的四边形、然后刻 $\phi 50\mathrm{mm}$ 的圆、再刻 $28\mathrm{mm} \times 14\mathrm{mm}$ 的长方形和两段直线。

2）下表为数控加工工序卡片。

数控加工工序卡

工步号	工步内容	程序号	刀具规格	主轴转速/(r/min)	进给速度/(mm/min)	背吃刀量/mm
1	粗铣上表面		$\phi 60\mathrm{mm}$ 面铣刀	500	200	1.5
2	精铣上表面		$\phi 60\mathrm{mm}$ 面铣刀	600	200	0.5
3	刻 $56\mathrm{mm} \times 56\mathrm{mm}$ 的四边形	O2001	雕刻刀	7000	70	0.3
4	刻 $\phi 50\mathrm{mm}$ 的圆	O2002	雕刻刀	7000	70	0.3
5	刻 $28\mathrm{mm} \times 14\mathrm{mm}$ 长方形	O2003	雕刻刀	7000	70	0.3
6	刻两段直线	O2004	雕刻刀	7000	70	0.3
编制		审核		批准		共__页　第__页

3. 数值计算

现将工件坐标系原点设在工件对称中心，按标注的基点，确定本零件图形中各基点坐标值。

4. 编写程序

（1）确定加工路线

加工 $56\mathrm{mm} \times 56\mathrm{mm}$ 的四边形的顺序是：1 点→2 点→3 点→4 点→1 点。

加工 $\phi 50\mathrm{mm}$ 的整圆的顺序是：5 点→5 点。

加工 $28\mathrm{mm} \times 18\mathrm{mm}$ 的四边形的顺序是：7 点→9 点→10 点→12 点→7 点。

加工线段 6、8 的顺序是：6 点→8 点。

加工线段 5、11 的顺序是：11 点→5 点。

（2）程序的编制

1）编制 56mm×56mm 四边形的程序。

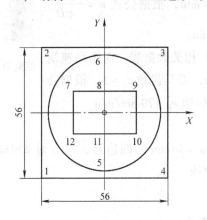

基点位置

基点坐标

基点	X坐标值	Y坐标值	基点	X坐标值	Y坐标值
1	-28	-28	7	-14	7
2	-28	28	8	0	7
3	28	28	9	14	7
4	28	-28	10	14	-7
5	0	-25	11	0	-7
6	0	25	12	-14	-7

程序段	注解	程序段	注解
O2001	程序名	Y28F70	以 70mm/min 的速度直线插补至 2 点
G40 G80 G69 G17 G90	初始化	X28	直线插补至 3 点
G54 G00 Z100	建立坐标系，刀快速定位至 Z100	Y-28	直线插补至 4 点
M03 S7000	主轴正传，转速 7000r/min	X-28	直线插补至 1 点
X-28 Y-28	刀快速定位至 1 点	G00 Z100	快速抬刀至 Z100
Z5	刀快速定位至 Z5	M05	主轴停
G01 Z-0.3 F60	以 60mm/min 的速度直线插补下刀至 Z-0.3	M30	主程序停，返回程序起点

2）编制 φ50mm 的整圆的程序。

程序段	注解	程序段	注解
O2002	程序名	G01 Z－0.3 F60	以 60mm/min 的速度直线插补下刀至 Z－0.3
G40 G80 G69 G17 G90	初始化	G02 I0 J25 F70	以 70mm/min 的速度圆弧插补至 5 点
G54 G00 Z100	建立坐标系，刀快速定位至 Z100	G00 Z100	快速抬刀至 Z100
M03 S7000	主轴正传，转速 7000r/min	M05	主轴停
X0 Y－25	刀快速定位至 5 点	M30	主程序停，返回程序起点
Z5	刀快速定位至 Z5		

3）编制 28mm×18mm 四边形的程序。

程序段	注解	程序段	注解
O0001	程序名	X14 F70	以 70mm/min 的速度直线插补至 9 点
G40 G80 G69 G17 G90	初始化	Y－7	直线插补至 10 点
G54 G00 Z100	建立坐标系，刀快速定位至 Z100	X－14	直线插补至 12 点
M03 S7000	主轴正传，转速 7000r/min	Y7	直线插补至 7 点
X－14 Y7	刀快速定位至 7 点	G00 Z100	快速抬刀至 Z100
Z5	刀快速定位至 Z5	M05	主轴停
G01 Z－0.3 F60	以 60mm/min 的速度直线插补下刀至 Z－0.3	M30	主程序停，返回程序起点

4）编制两直线段的程序。

程序段	注解	程序段	注解
O0001	程序名	G00 Z5	抬刀
G40 G80 G69 G17 G90	初始化	X0 Y−7	刀快速定位至11点
G54 G00 Z100	建立坐标系，刀快速定位至Z100	G01 Z−0.3 F60	以60mm/min的速度直线插补下刀至Z−0.3
M03 S7000	主轴正转，转速7000r/min	Y−25	直线插补至5点
X0 Y25	刀快速定位至6点	G00 Z100	快速抬刀至Z100
Z5	刀快速定位至Z5	M05	主轴停
G01 Z−0.3 F60	以60mm/min的速度直线插补下刀至Z−0.3	M30	主程序停，返回程序起点
Y7 F70	以70mm/min的速度直线插补至8点		

零件的平面和轮廓铣削加工

第一节 零件平面铣削加工

一、平面类零件

平面类零件是指加工面平行或垂直于水平面，以及加工面与水平面的夹角为一定值的零件，这类加工面可展开为平面。如下图所示的三个零件均为平面类零件。

轮廓面 *A* 垂直于水平面

凸台侧面 *B* 与水平面成一定角度

斜面 *C*

二、平面类零件加工的典型案例

加工的零件下图所示，加工零件的上表面及台阶面（其余表面已加工）。毛坯为 100mm×80mm×32mm 的长方块，材料为 45 钢，单件生产。

1. 工艺分析

（1）平面的技术要求

1）形状公差：平面本身的直线度和平面度。

2）位置公差：平面与平面间的位置精度、平行度、垂直度等。

3）表面质量：表面粗糙度及调质、淬火等热处理后表面硬度。

（2）数控铣削加工平面的方法和工艺

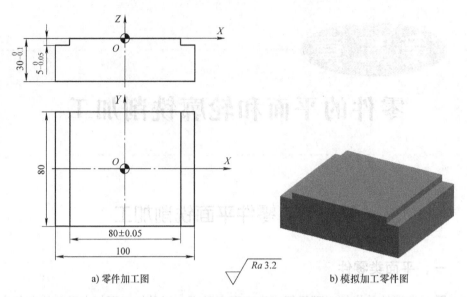

a) 零件加工图   b) 模拟加工零件图

$\sqrt{}$ Ra 3.2

平面铣削的加工方法	平面铣削的刀具
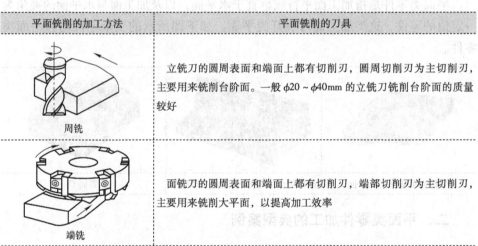 周铣	立铣刀的圆周表面和端面上都有切削刃，圆周切削刃为主切削刃，主要用来铣削台阶面。一般 $\phi 20 \sim \phi 40 mm$ 的立铣刀铣削台阶面的质量较好
端铣	面铣刀的圆周表面和端面上都有切削刃，端部切削刃为主切削刃，主要用来铣削大平面，以提高加工效率

（3）平面加工工艺的确定

1）分析零件图样。该零件包含了平面、台阶面的加工，尺寸公差约为 IT10，表面粗糙度值全部为 $Ra3.2\mu m$，没有几何公差项目的要求，整体加工要求不高。

2）工艺分析

① 加工方案的确定。根据图样加工要求，上表面的加工方案采用面铣刀粗铣→精铣完成，台阶面用立铣刀粗铣→精铣完成。

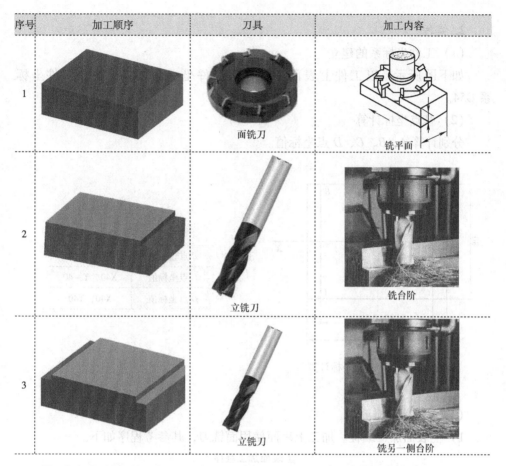

序号	加工顺序	刀具	加工内容
1		面铣刀	铣平面
2		立铣刀	铣台阶
3		立铣刀	铣另一侧台阶

② 确定装夹方案。加工上表面和台阶面时，可选用机用虎钳装夹，工件上表面高出钳口 10mm 左右。

③ 确定加工工艺

数控加工工艺卡

数控加工工艺卡片			产品	零件	材料 45 钢	零件图号
工步	程序	夹具	夹具	使用设备		车间
		虎钳				

工步号	工步内容	刀具号	主轴转速 /(r/min)	进给速度 /(mm/min)	背吃刀量/mm	侧吃刀量 /mm	备注
1	粗铣上表面	T00	600	200	1.5	80	
2	精铣上表面	T01	800	160	0.5	80	
3	粗铣台阶面	T02	600	100	4.5	9.5	
4	精铣台阶面	T02	800	80	0.5	0.5	

2. 编程

（1）工件坐标系的建立

如下图所示，以工件上表面中心作为工件坐标系原点，建立工件坐标系 G54。

（2）基点坐标计算

分别计算 A、B、C、D 点坐标值。

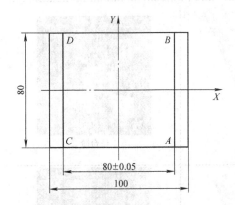

A 点坐标值	X40，Y − 40
B 点坐标值	X40，Y40
C 点坐标值	X40，Y − 40
D 点坐标值	X40，Y40

平面零件加工基点坐标计算

（3）参考程序

1）上表面加工编程。加工上表面使用面铣刀，其参考程序如下。

上表面加工程序

程序	说明
O4002	程序名
N10 G90 G54 G00 X120 Y0	建立工件坐标系，快速移动至下刀位置
N20 M03 S600	启动主轴，主轴转速为 600r/min
N30 Z50	主轴到达安全高度
N40 G00 Z5	接近工件
N50 G01 Z0.5 F100	下到 Z0.5 面
N60 X − 120 F300	粗加工上表面
N70 Z0 S800	下到 Z0 面，主轴转速为 800r/min
N80 X120 F160	精加工上表面
N90 G00 Z50	Z 向移动至安全高度
N100 M05	主轴停止
N110 M30	程序结束

2）台阶面加工编程。台阶面加工使用立铣刀，其参考程序如下。

台阶面加工程序

程序	说明
O4003	程序名
N10 G90 G54 G00 X-46.5 Y-60	建立工件坐标系，快速移动至下刀位置
N20 M03 S600	启动主轴
N30 Z50 M08	主轴到达安全高度，同时打开切削液
N40 G00 Z5	接近工件
N50 G01 Z-4.5 F100	下刀，Z-4.5
N60 Y60	粗铣左侧台阶
N70 G00 X46.5	快进至右侧台阶起刀位置
N80 G01 Y-60	粗铣右侧台阶
N90 Z-5 S600	下刀 Z-5
N100 X46	移至右侧台阶起刀位置
N110 Y60 F80	精铣右侧台阶
N120 G00 X-46	快进至左侧台阶起刀位置
N130 G01 Y-60	精铣左侧台阶
N140 G00 Z50 M09	抬刀，并关闭切削液
N150 M05	主轴停止
N160 M30	程序结束

3. 加工

（1）进给路线的确定

铣上表面的加工路线如下图所示，台阶面略。

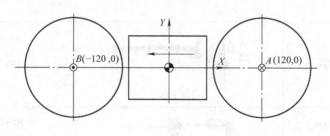

上表面加工

（2）刀具及切削参数的确定

数控加工刀具卡

数控加工 刀具卡片	工序号		程序编号		产品名称		零件名称		材料		零件图号
									45 钢		
刀号	刀具号	刀具名称	刀具规格/mm			补偿值/mm		刀补值/mm			备注
			直径	长度		半径	长度	半径	长度		
1	T01	面铣刀（8 齿）	$\phi1 \sim \phi25$	实测							硬质合金
2	T02	立铣刀（3 齿）	$\phi12$	实测							高速钢

4. 质量检测

模拟加工结果如下图所示。

（1）去毛刺倒棱

去掉加工部位毛刺。

（2）自检自查

1）检测各尺寸是否满足公差要求。

2）检测各几何公差是否满足要求。

3）检测表面粗糙度是否满足要求。

（3）检测内容及使用量具

模拟加工零件图

检测内容及使用量具

检查项目	检测量具	检测要求
表面粗糙度/μm	表面粗糙度比较样块	Ra3.2
外形尺寸/mm	游标卡尺	100, 80
台阶尺寸/mm	千分尺	80 ± 0.05
零件厚度/mm		$30_{-0.1}^{0}$
台阶深度/mm		5 ± 0.05

思考及提高

思考	产生的结果	预防方法
深度上采用分层铣削台阶面	台阶侧面产生接刀痕	 侧面留下0.2~0.5mm余量，余量做一次精铣
粗、精加工的余量过大	平面误差超差	 1）查表法：查阅手册，再结合实际情况进行适当修改后确定 2）经验估算法：根据实际经验确定加工余量

第二节　零件平面轮廓铣削加工的一般工艺

一、平面轮廓铣削加工的一般工艺

铣削平面类零件周边轮廓一般采用立铣刀。刀具的尺寸应满足：

◆ 刀具半径R小于朝轮廓内侧弯曲的最小曲率半径ρ_{min}，一般可取$R=(0.8\sim0.9)\rho_{min}$。

◆ 如果ρ_{min}过小，为提高加工效率，可选采用大直径刀具进行粗加工，然后按上述要求选择刀具对轮廓上残留余量过大的局部区域处理后再对整个轮廓进行精加工。

确定加工路线的一般原则是：
◆ 保证零件的加工精度和表面粗糙度要求。
◆ 缩短加工路线，减少进退刀时间和其他辅助时间。
◆ 方便数值计算，减少编程工作量。
◆ 尽量减少程序段数。
注意：对于平面轮廓的铣削，无论是外轮廓或内轮廓，要安装刀具从切向进入轮廓进行加工，当轮廓加工完毕之后，要安排一段沿切线方向继续运动的距离退刀，这样可以避免刀具在工件上的切入点和退出点处留下接刀痕。

3. 切入切出路径

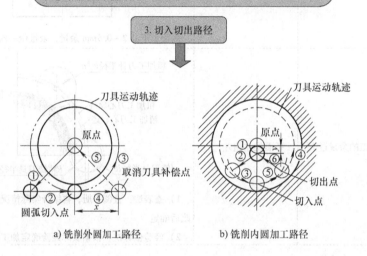

a) 铣削外圆加工路径

b) 铣削内圆加工路径

二、铣削平面轮廓的方法

1. 顺铣与逆铣

名称	图示	定义	特点	适用场合
顺铣	弹性弯曲后的立铣刀　切削力　实际切削轮廓　M3　理论切削轮廓　F	当铣刀的旋转方向和工件的进给方向相同时称为顺铣	顺铣时刀具的寿命比逆铣时提高 2～3 倍，刀齿的切削路径较短，比逆铣时的平均切削厚度大，而且切削变形较小　铣刀顺铣时，刀具在切削时会产生让刀现象，即切削时出现"欠切"现象	半精加工或精加工

（续）

名称	图示	定义	特点	适用场合
逆铣	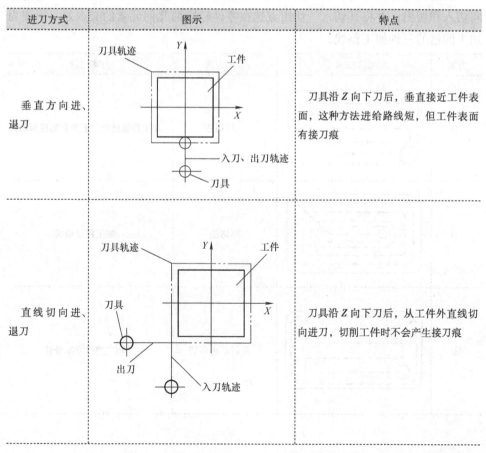	当铣刀的旋转方向和工件的进给方向相反时称为逆铣	逆铣时刀齿开始切削工件时的切削厚度比较小，导致刀具易磨损，并影响已加工表面 铣刀逆铣时，刀具在切削时会产生啃刀现象，即切削时出现"过切"现象	粗加工

2. 轮廓铣削的进退刀方式

铣削平面类零件外轮廓时，刀具沿 X、Y 平面的进退刀方式通常有三种，下表：

进刀方式	图示	特点
垂直方向进、退刀		刀具沿 Z 向下刀后，垂直接近工件表面，这种方法进给路线短，但工件表面有接刀痕
直线切向进、退刀		刀具沿 Z 向下刀后，从工件外直线切向进刀，切削工件时不会产生接刀痕

（续）

进刀方式	图示	特点
圆弧切向进、退刀	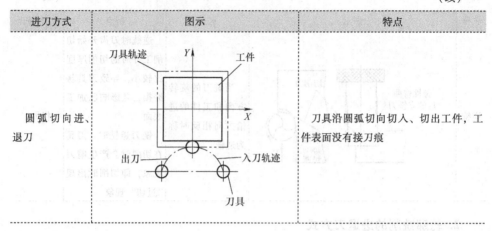	刀具沿圆弧切向切入、切出工件，工件表面没有接刀痕

3. 加工路线

铣削内轮廓表面时，切入和切出无法外延，这时铣刀可沿零件轮廓的法线方向切入和切出，并将其切入、切出点选在零件轮廓两几何元素的交点处。下表为加工凹槽的三种加工路线。

方案	加工方式	加工方法	方案比较
①		行切法	加工路线最短，表面粗糙度值最高
②		环切法	加工路线最长
③		先行切再环切	加工路线方案最佳

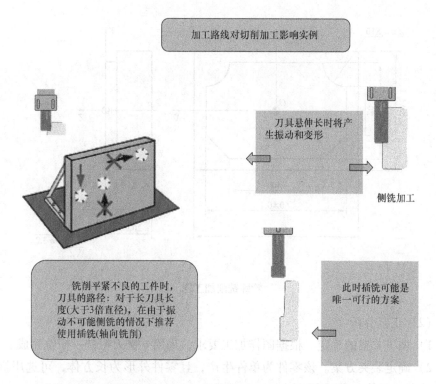

加工路线对切削加工影响实例

刀具悬伸长时将产生振动和变形

侧铣加工

此时插铣可能是唯一可行的方案

铣削平紧不良的工件时，刀具的路径：对于长刀具长度(大于3倍直径)，在由于振动不可能侧铣的情况下推荐使用插铣(轴向铣削)

三、平面轮廓铣削加工典型案例

凸模板的轮廓铣削加工如图所示。

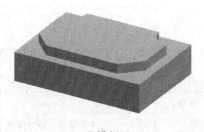

凸模板

【例】如下图所示轮廓铣削加工图，毛坯为 70mm × 50mm × 20mm 长方块 (其余面已经加工)，材料为 45 钢，单件生产。

1. 加工工艺的确定

（1）分析零件图样

零件轮廓由直线和圆弧组成，尺寸公差约为 IT11，表面粗糙度值全部为 $Ra3.2\mu m$，没有几何公差项目的要求，整体加工要求不高。

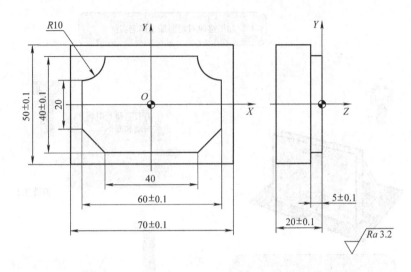

轮廓铣削加工图

（2）工艺分析

1）加工方案的确定。根据图样加工要求，采用立铣刀粗铣→精铣完成。

2）确定装夹方案。该零件为单件生产，且零件外形为长方体，可选用机用虎钳装夹。工件上表面高出钳口 8mm 左右。

3）确定加工工艺。

数控加工工艺卡

数控加工工艺卡片		产品名称	零件名称	材料		零件图号	
				45 钢			
工序号	程序编号	夹具名称	夹具编号	使用设备		车间	
		虎钳					
工步号	工步内容	刀具号	主轴转速/(r/min)	进给速度/(mm/min)	背吃刀量/mm	侧吃刀量/mm	备注
1	粗铣外轮廓	T01	500	120	4.8		
2	精铣外轮廓	T01	600	90	5	0.3	

4）进给路线的确定。在数控加工中，刀具刀位点相对于工件运动的轨迹称为加工路线。为了保证表面质量，进给路线采用顺铣和圆弧进退刀方式，采用子程序对零件进行粗、精加工，该零件进给路线为 $A→B→C→D→E→F→G→H→I→J→K→C→L→A$。

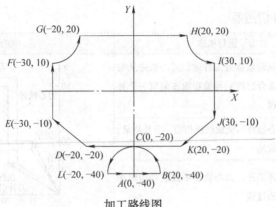

加工路线图

5）刀具及切削参数的确定（表格）。

刀具及切削参数见下表。

数控加工刀具卡

数控加工刀具卡片		工序号	程序编号	产品名称	零件名称	材料		零件图号
						45 钢		
刀号	刀具号	刀具名称	刀具规格/mm		刀补值/mm		刀补号		备注
			直径	长度	半径	长度	半径	长度	
1	T01	立铣刀（3 齿）	φ16	实测	8.3		D01		高速钢
					8		D02		

2. 参考程序编制

（1）刀具半径补偿值设置

代码	释义	图示	概念	设置
G40	取消刀具补偿		G40 用于取消之前建立的刀具补偿量	
G41	刀具左补偿	刀具旋转方向　刀具前进方向　补偿量	G41 是在相对于刀具前进方向左侧进行补偿，称为左刀补	粗铣时： 补偿量 = 预设余量 + 刀具半径
G42	刀具右补偿	补偿量　刀具旋转方向　刀具前进方向　在前进方向右侧补偿	G42 是在相对于刀具前进方向右侧进行补偿，称为右刀补	精铣时： 补偿量 = 粗铣补偿量 − 精加工余量

注明：G40、G41、G42 都是模态代码，可相互注销。

（2）刀具补偿过程

刀补过程	运行轨迹	图示
刀补建立	在刀具从起点接近工件时，刀心轨迹从与编程轨迹重合过渡到与编程轨迹偏离一个补偿量的过程	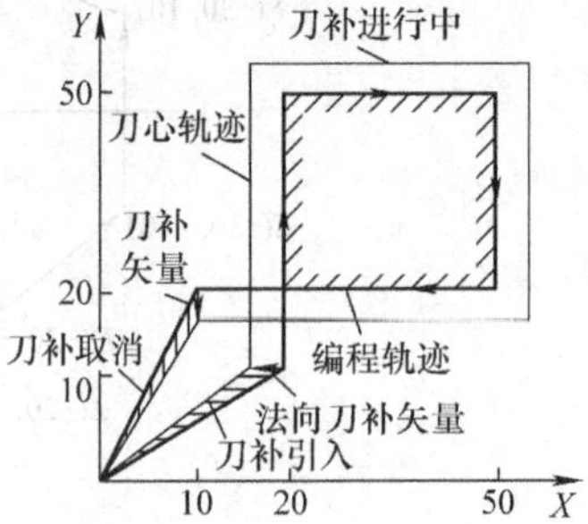
刀补进行	刀具中心始终与变成轨迹相距一个补偿量，直到刀补取消	
刀补取消	刀具离开工件，刀心轨迹要过渡到与编程轨迹重合的过程	

1）工件坐标系的建立。为使编程方便，工件坐标系建立在左右和前后对称中心线的交点上，Z 轴 0 点在工件上表面。

2）基点坐标计算，见下表。

基点坐标值

A (0, -40)	B (20, -40)	C (0, -20)	D (-20, -20)	E (-30, -10)	F (-30, -10)
G (-20, 20)	H (20, 20)	I (30, 10)	J (30, -10)	K (20, -20)	L (-20, -40)

3）参考程序见下表。

参考程序

主程序	
程序	说明
O5004	主程序名
N10 G90 G54 G00 X0 Y-40	建立工件坐标系，快速移动至下刀位置 A 点
N20 M03 S500	启动主轴
N30 Z50 M08	主轴到达安全高度，同时打开切削液
N40 Z10	接近工件
N50 G01 Z-4.8 F120	Z 向下刀
N60 M98 P5011 D01	调用子程序粗加工零件轮廓，D01=8.3
N70 G00 Z50 M09	Z 向抬刀并关闭切削液
N80 M05	主轴停止
N90 G91 G00 Y200	Y 轴工作台前移，便于测量
N100 M00	程序暂停，进行测量
N110 G54 G90 G00 Y0	Y 轴返回
N120 M03 S600	启动主轴

（续）

主程序	
程序	说明
O5004	主程序名
N130 Z50 M08	刀具到达安全高度并开启切削液
N140 Z10	接近工件
N150 G01 Z - 5 F90	Z 向下刀
N160 M98 P5011 D02	调用子程序零件轮廓精加工 D02 = 8
N170 G00 Z50 M09	刀具到达安全高度，并关闭切削液
N180 M05	主轴停止
N190 M30	主程序结束

备注：如四个角落有残留，可手动切除。

子程序	
程序	说明
N10 O5011	子程序名
N20 G41 G01 X20	建立刀具半径补偿，$A{\to}B$
N30 G03 X0 Y - 20 R20	圆弧切向切入 $B{\to}C$
N40 G01 X - 20 Y - 20	走直线 $C{\to}D$
N50 X - 30 Y - 10	走直线 $D{\to}E$
N60 Y10	走直线 $E{\to}F$
N70 G03 X - 20 Y20 R10	逆时针插补 $F{\to}G$
N80 G01 X20	走直线 $G{\to}H$
N90 G03 X30 Y10 R10	逆时针插补 $H{\to}I$
N100 G01 Y - 10	走直线 $I{\to}J$
N110 X20 Y - 20	走直线 $J{\to}K$
N120 X0	走直线 $K{\to}C$
N130 G03 X - 20 Y - 40 R20	圆弧切向切出 $C{\to}L$
N140 G40 G00 X0	取消刀具半径补偿，$L{\to}A$
N150 M99	子程序结束

3. 加工

1）开机并回零。打开机床电源，系统通电后，将方式开关置于"回参考点"位置，分别按"+Z""+X""+Y"方向按键令机床进行回参考点操作，此时屏幕机械坐标显示 X0、Y0、Z0。

2）装夹工件，对刀建立工件坐标系。数控程序一般按工件坐标系编程，对刀的过程就是建立工件坐标系与机床坐标系之间关系的过程。将工件上表面中心点设为工件坐标系原点。将工件上其他点设为工件坐标系原点的对刀方法类似。

① 工件 Z 向对刀。单击操作面板上的 "正转" 按钮使主轴转动；将手动轴选择旋钮设在 Z 轴位置，点击操作面板上的按钮，切削零件的声音刚响起时停止，使铣刀将零件切削小部分，记下此时 Z 的坐标值，记为 Z，此为工件表面一点处 Z 的坐标值，如下图所示。

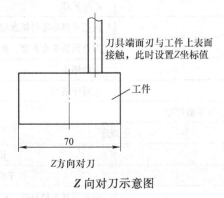

Z 向对刀示意图

② 工件 X 向对刀如下图所示。

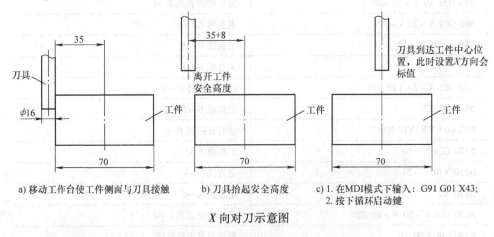

a) 移动工作台使工件侧面与刀具接触　b) 刀具抬起安全高度　c) 1. 在MDI模式下输入：G91 G01 X43；
2. 按下循环启动键

X 向对刀示意图

③ 工件 Y 方向对刀采用同样的方法。得到工件中心的 Y 坐标，记为 Y（略）。

3) 程序输入，并调试。将模式选择旋钮置于 EDIT 档，在 MDI 键盘上按键，进入编辑页面，以 O 开头新建一个数控程序，此程序显示在 CRT 界面上，可进行数控编程操作。

4) 单段模式下刀，观察无误后切换到自动模式试切加工。

① 点击操作面板中的机床操作模式，选择旋钮使其指向 "AUTO"，

系统进入自动运行方式。

② 点击操作面板上的"单段"按钮 。点击操作面板上的"循环启动"

按钮 ，程序开始执行。

注意，自动/单段方式执行每一行程序时，均需点击一次"循环启动"按

钮  。

5）测量，并根据实测的工件尺寸修改刀具补偿值。

6）加工完毕，打扫机床。

4. 质量检测

1）去毛刺和倒棱。

2）自检自查。

① 检测各尺寸是否满足公差要求。

② 检测各几何公差是否满足要求。

③ 检测表面粗糙度是否满足要求。

3）使用检测量具及测量内容。

检测表

检查项目	检测用量具	达标要求
表面粗糙度/μm	 表面粗糙度比较样块	*Ra*3. 2
外形尺寸/mm	 游标卡尺	100，80
外形尺寸/mm	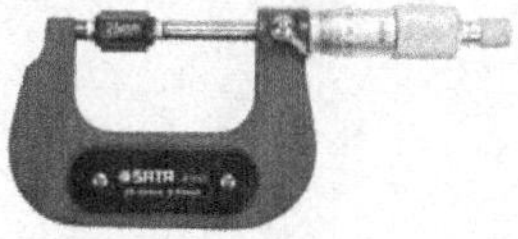 千分尺	40±0.1，50±0.1，60±0.1，70±0.1，20±0.1，5±0.1
半径/mm	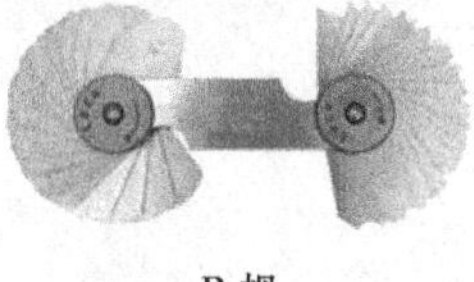 R规	R10

思考及提高

思考	产生的结果	预防方法
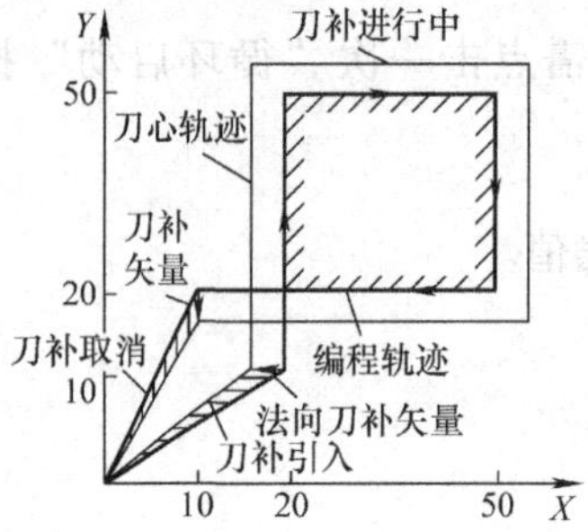 如果刀具半径补偿值（D01）大于建立刀具半径补偿的直线段（图中刀补引入的直线段）	机床报警：刀具干涉	建立刀具半径补偿的直线段应该大于刀具半径补偿值
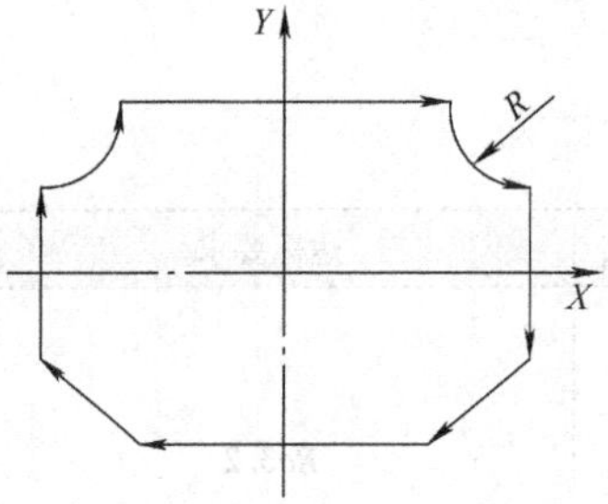 如果刀具半径补偿值（D01）大于内轮廓半径（图中R值）	机床报警：刀具干涉	刀具半径补偿值应小于内轮廓尺寸

第 四 章

零件孔的加工

零件的孔加工是零件上常见的加工形式。孔的加工与孔在零件上的位置有关，也与孔的组合状况、精度等要求有关。要完成孔的加工，需合理选择刀具、夹具及编制加工程序等。下图中六面体上的孔及螺纹孔的形成，就是典型的孔加工。

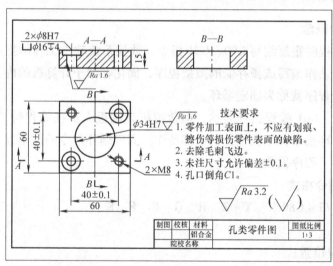

六面体的零件图

六面体的仿真图或三维图

第一节 孔 的 加 工

一、孔的加工方法及加工精度

孔的加工方法有很多，有钻、扩、铰、镗和攻螺纹等。大直径孔可以采用圆弧插补方式进行铣削加工。孔的加工方法及能达到的精度见下表。

孔的加工方法及能达到的精度

序号	加工方法	公差等级	表面粗糙度值 $Ra/\mu m$
1	钻	IT11 ~ IT13	12.5 ~ 50
2	钻→铰	IT9	1.6 ~ 3.2
3	钻→粗铰（扩）→精铰	IT7 ~ IT8	0.8 ~ 1.6
4	钻→扩	IT11	3.2 ~ 6.3
5	钻→扩→铰	IT8 ~ IT9	0.8 ~ 1.6
6	钻→扩→粗铰→精铰	IT7	0.4 ~ 0.8
7	粗镗（扩孔）	IT11 ~ IT13	3.2 ~ 6.3
8	粗镗（扩孔）→半精镗（精扩孔）	IT8 ~ IT9	1.6 ~ 3.2
9	粗镗（扩孔）→半精镗（精扩孔）→精镗	IT6 ~ IT7	0.8 ~ 1.6

二、孔加工固定循环

1. 孔加工固定循环的概念

为避免每次孔加工编程时重复编写 G00、G01 指令，数控系统软件工程师把类似的孔加工步骤、顺序动作编写成预存储的微型程序，固化存储于计算机的内存里。这种预存储的微型程序就称为固定循环。

孔加工运动可用 G00、G01 编程指令表达，但数控机床编程人员在编程时，还可用系统规定的固定循环指令调用孔加工的全部动作。固定循环指令的使用方便了孔加工编程，并减少了程序段数。

2. 孔加工固定循环指令格式

G90/G91 G98/G99 G73 ~ G89 X _ Y _ Z _ R _ Q _ P _ F _ K _ ；

其中：

X、Y——孔中心定位位置；

R——R 平面所在的位置；

Z——孔底平面的位置；

Q——间歇进给时，刀具每次加工的进给量；在精镗或背镗孔循环中为退刀量；

P——指定刀具在孔底的暂停时间，数值为整数，以 ms 作为时间单位；

F——孔加工切削进给时的进给速度；

K——指定孔加工循环的次数。

格式说明：

1）并不是每一种孔加工循环的编程都要用到孔加工固定循环指令格式的所有代码。

2）格式中，除 K 代码外，其他所有代码都是模态代码，只有在循环取消时才被清除，因此这些指令一经指定，在后面的重复加工中不必重新指定。

3）取消孔加工固定循环采用代码 G80。另外，如在孔加工固定循环中出现 G00、G01、G02、G03，则孔加工方式也会自动取消。

3. 孔加工动作及固定循环指令格式中的参数说明见下表。

孔加工动作及固定循环指令格式中的参数说明

孔加工的六个基本动作图示	动作与说明	
	动作	说明
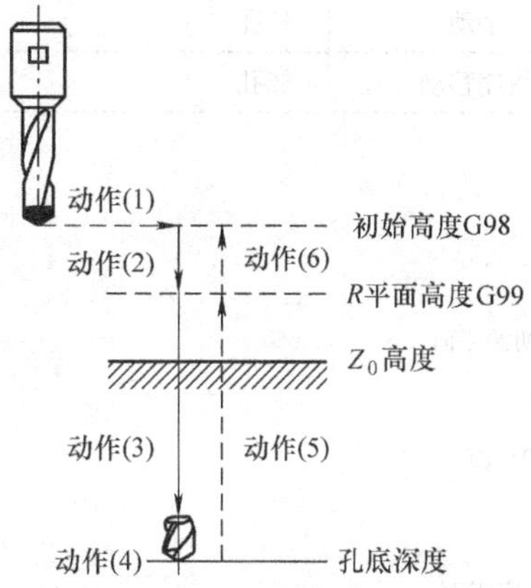	（1）G17 平面快速定位	给定孔中心定位位置——X、Y 的值
	（2）Z 向快速移动到 R 平面	给定开始工进的起始位置——R 的值
	（3）Z 轴切削进给，进行孔加工	给定工进的终止位置，孔底——Z 的值给定孔进给加工时信息——F、Q 的值
	（4）孔底部的动作	给定刀具在孔底的暂停时间——P 的值
	（5）Z 轴退刀到 R 平面	给定返回 R 平面模式——G99
	（6）Z 轴快速回到起始位置	给定返回初始平面模式——G98

4. 孔加工固定循环 G 指令及动作

（1）孔加工固定循环指令

FANUC - 0 系统加工中心配备的固定循环功能，主要用于孔加工，包括钻孔、镗孔、攻螺纹等，调用固定循环的 G 指令有：G73、G74、G76、G81 ~ G89，取消固定循环指令为 G80。

（2）不同 G 指令对应的加工动作

孔加工固定循环及动作一览表

G代码	加工动作（−Z方向）	孔底动作	退刀动作（+Z方向）	用途
G73	间歇进给		快速移动	高速深孔加工
G74	切削进给	暂停、主轴正转	快速移动	攻左旋螺纹
G76	切削进给	主轴准停	快速移动	精镗
G80				取消固定循环
G81	切削进给		快速移动	钻孔
G82	切削进给	暂停	快速移动	钻、镗阶梯孔
G83	间歇进给		快速移动	深孔加工
G84	切削进给	暂停、主轴反转	快速移动	攻右旋螺纹
G85	切削进给		快速移动	镗孔
G86	切削进给	主轴停止	快速移动	镗孔
G87	切削进给	主轴正转	快速移动	背镗孔
G88	切削进给	暂停、主轴停止	手动	镗孔
G89	切削进给	暂停	快速移动	镗孔

（3）三个平面和两种返回代码

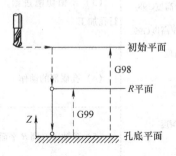

指令动作循环

1）三个平面。在孔加工运动过程中，刀具运动涉及三个平面，即 Z 向坐标的三个高度位置：初始平面、R 平面（参考平面）、孔底平面。设计孔加工工艺时，要对这三个平面进行适当选择。

① 初始平面。初始平面是为安全点定位及安全下刀而规定的一个平面。初始平面的高度应能保证刀具不会与夹具、工件凸台等发生干涉，特别应能防止快速运动中切削刀具与工件、夹具和机床的碰撞。

② R 平面。R 平面为刀具切削进给运动的起点高度平面，即从 R 平面的高度开始刀具处于切削状态。对于所有的循环都应该仔细地选择 R 平面的高度，

通常选择在零件上表面（Z_0 平面）上方（2~10mm）处。

③ 孔底平面。孔底平面为切削深度所在平面，固定循环中必须包括切削深度，到达这一深度时刀具将停止进给。在循环程序段中以 Z 地址来表示深度，Z 的值表示切削深度的终点。

2）两种返回代码（G98 和 G99）。

① G98 代码表示返回初始平面，G99 代码表示返回 R 平面。

② G98 和 G99 代码只用于固定循环，它们的主要作用就是刀具在加工过程中绕开的障碍。障碍包括夹具、零件的凸出部分、未加工区域以及附件等。

③ 采用固定循环进行孔系加工时，一般不用返回到初始平面，只有在全部孔加工完成后，或孔之间存在凸台或夹具等障碍时，才回到初始平面。

三、钻孔加工循环指令

下面列举了一些常用的孔加工指令及其动作、格式说明及用途。

指令	动作及说明	指令格式及说明	用途
G81	G81指令动作循环 ①先定位到 X、Y 表示的坐标点；②快速移动到 R 平面；③切削进给到孔底位置；④快速退回到 R 平面（或初始平面）	指令格式： G98/G99 G81 X _ Y _ Z _ R _ F _； G98/G99 返回 X、Y：孔的位置 Z：孔底位置 R：R 平面的高度 F：进给速度	该指令一般用于对中心孔、浅孔（长径比小于5）的加工
G82	G82指令动作循环 G82 指令动作循环与 G81 类似，不同之处在于 G82 在孔底增加了暂停动作	G98/G99 G82 X _ Y _ Z _ R _ P _ F _； 格式说明： G98/G99 返回 X、Y：孔的位置 Z：孔底位置 R：R 平面的高度 P：刀具在孔底的暂停时间，单位为 ms F：进给速度	该指令常用于不通孔和锪孔的加工

（续）

指令	动作及说明	指令格式及说明	用途
G73	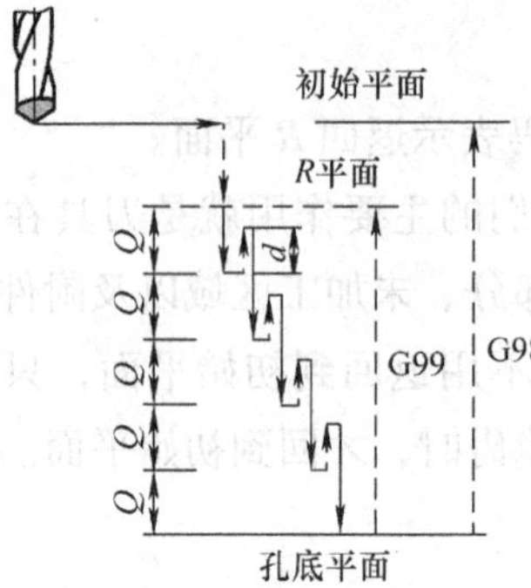 G73指令动作循环 G73 指令通过 Z 轴方向的间歇进给，可以较容易地实现断屑与排屑。图中 d 值由机床系统指定，无须用户指定	指令格式： 　G98/G99　G73X＿Y＿Z＿R＿Q＿F＿; 格式说明： G98/G99 返回 　X、Y：孔的位置 　Z：孔底位置 　R：R 平面的高度 　Q：每一次的切削深度，为正值。G73中钻头退刀距离很小，在 5～10mm 之间 　F：进给速度	该指令用于深孔（高速）加工
G83	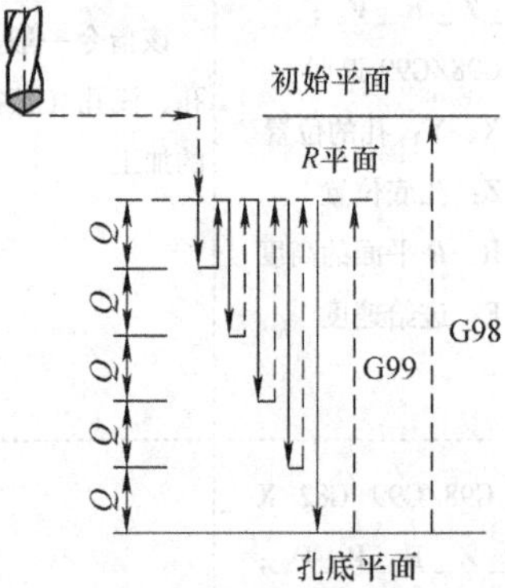 G83指令动作循环 通过 Z 轴方向的间歇进给来实现断屑与排屑的目的。刀具间歇进给后快速回退到 R 平面，再 Z 向快速移动到上次切削孔底平面上方距离为 d 的高度处，从该处快速移动变成切削进给，距离为 $Q+d$ 该指令的加工效率不如 G73	指令格式： 　G98　G99　G83　X＿Y＿Z＿R＿Q＿F＿; 格式说明： G98/G99 返回 　X、Y：孔的位置 　Z：孔底位置 　R：R 平面的高度 　Q：每一次的切削深度，为正值 　F：进给速度	该指令用于深孔（一般）加工

（续）

指令	动作及说明	指令格式及说明	用途
G76	G76指令动作循环 偏移量Q 刀具从初始平面快速移动到 R 点，从 R 点到 Z 点进行精镗切削，在孔底主轴准停，刀尖让刀（偏移量 Q），快速退刀，刀具复位 如果加工的孔间距较小时，可能出现刀具定位到下一个孔的位置时，主轴还没有达到规定的现象。因此，在加工各孔之间加入暂停指令 G04 精镗是一种加工精度高的孔加工方法，一般安排在最后一道工序	指令格式： G98/G99G76 X _ Y _ Z _ R _ Q _ P _ F _; 格式说明： G98/G99 返回 X、Y：孔的位置 Z：孔底位置 R：R 平面的高度 Q：表示刀具偏移量 P：表示刀具在孔底的暂停时间，用单位 ms 表示 F：进给速度	该指令用于精镗加工
G85	G85指令动作循环 刀具以切削进给的方式加工到孔底，然后以快速移动方式返回到 R 平面	指令格式： G98/G99 G85 X _ Y _ Z _ R _ F _; 格式说明： G98/G99 返回 X、Y：孔的位置 Z：孔底位置 R：R 平面的高度 F：进给速度	1. 粗镗循环指令 2. 用于扩孔、铰孔的加工

（续）

指令	动作及说明	指令格式及说明	用途
G86	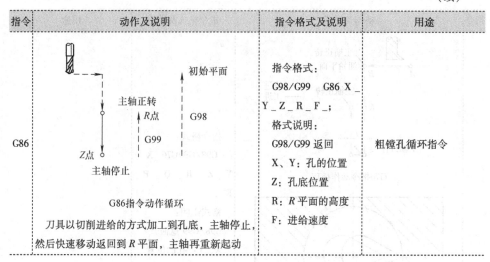G86指令动作循环 刀具以切削进给的方式加工到孔底，主轴停止，然后快速移动返回到 R 平面，主轴再重新起动	指令格式： G98/G99　G86 X _ Y _ Z _ R _ F _ ; 格式说明： G98/G99 返回 X、Y：孔的位置 Z：孔底位置 R：R 平面的高度 F：进给速度	粗镗孔循环指令

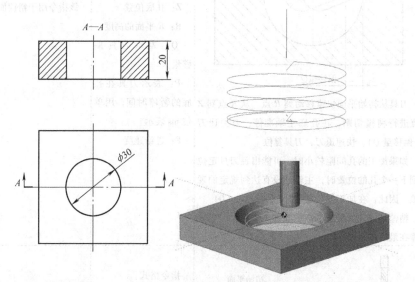

螺旋铣削加工孔指铣刀刀位点以螺旋线轨迹进给，同时铣刀的自身旋转提供切削力，铣削圆孔。刀具的中心轨迹不再是直线而是螺旋线，加工过程中既有径向进给同时又有轴向进给。螺旋铣削可以实现斜面、型槽、孔加工等

采用螺旋铣削加工孔，切削效率高，通用性强。孔径较大的不通孔或通孔，由于麻花钻加工太慢或不能加工，往往选择螺旋铣削的方式，而且由于该方式选择的刀具不带底刃，所以更适合小切削深度、高转速及大进给的加工情况

螺旋铣削加工孔是建立在螺旋式下刀方法基础上的加工方法，螺旋铣削加工孔时有一个特点：每螺旋铣削一周，刀具的 Z 轴方向移动一个螺距的高度

例如：螺旋插补铣削加工孔

零件已经进行过粗加工，留精铣余量 1.00mm。这时，工件的加工是以 ϕ30mm 孔的中心线为刀具螺旋进给的中心线，以刀具的刀位点编程，而且定位的时候要考虑刀具（ϕ10mm 立铣刀）的半径

程序	注释
O1；	程序名
G17 G40 G80 C90 C69；	程序初始化
G54 G00 Z100；	G54 建立工件坐标系
X0 Y0 M03 S2000；	定位到点（0，0），主轴正转，转速为 2000r/min
Z2；	快速移动到距工件表面2mm 处
G01 X10 Y0 F200；	定位到点（10，0）
M98 P10 O0002；	调用子程序 O0002
G90 G01 X0 Y0；	G01 退回到孔的中心点
G00 Z100；	快速退回到初始平面
M05；	主轴停止
M30；	程序结束
O0002；	子程序 O0002
G91 G03 I－10 Z－0.3 F500；	螺旋插补铣孔
M99；	程序返回

四、工艺分析

六面体零件上孔加工的工艺分析如下：

1）该零件为孔类零件，外形为矩形，材料为铝合金，硬度不大

2）此零件加工要素有浅孔、通孔、螺孔。孔的加工要求精度要求较高，需合理安排粗、精加工

3）装夹方式。由于零件结构比较规则，因此采用机用虎钳装夹即可满足加工要求

4）确定加工顺序。

① ϕ30H7 孔的加工方法中心钻钻孔→钻头第 1 次钻孔至 ϕ15mm→钻头第 2 次钻孔至 ϕ28mm，粗镗（粗扩）至 ϕ29.8mm→半精镗（精扩或粗铰）至 ϕ29.93mm→孔口倒角→精镗（精铰）达尺寸要求 ϕ30H7。

② ϕ8H7 孔的加工方法。中心钻钻孔→钻头钻孔至 ϕ7.8mm→粗铰至 ϕ7.96mm→孔口倒角→精铰达尺寸要求 ϕ8H7→锪沉孔。

③ M8 螺纹的加工方案：中心钻钻孔→钻孔至 ϕ6.75mm→孔口倒角→攻螺纹。

5）孔底尺寸的计算

① 攻螺纹前先钻孔。攻螺纹过程中，丝锥对材料有切削和挤压作用，所以钻孔直径略大于螺纹内径，可通过查表或经验公式计算

钢件及塑性材料： $$D = d - P$$
铸件等脆性材料： $$D = d - 1.1P$$
式中　d——螺纹大径（mm）
　　　P——螺距（mm）

② 孔底深度。攻螺纹前底孔的深度 H 通常在螺孔深度 h 的基础上加上螺纹大径的 0.7 倍，即 $H = h + 0.7d$

五、典型零件孔的加工程序

下面是六面体上孔的加工程序。

加工内容	零件图		参考程序	
加工 ϕ30mm 孔	ϕ30H7　$\sqrt{Ra\,1.6}$		O1;	程序名（钻 ϕ30mm 通孔）
			G17 G40 G80 G69 G90;	程序初始化
			G54 G00 Z100;	选择 G54 坐标系
			M03 S800;	主轴正转，转速为 800r/min
			X0 Y0;	快速定位至（0，0）
			G98 G81 Z – 17 R5 F50;	用 G81 指令钻孔
			G00 Z100;	快速移动到安全高度
			G80;	取消钻孔固定循环
			M05;	主轴停止
			M30;	程序结束
			O2;	程序名（粗镗 ϕ30mm 孔）
			G17 G40 G80 G69 G90;	程序初始化
			G54 G00 Z100;	选择 G54 坐标系
			M03 S500;	主轴正转，转速为 500r/min
			X0 Y0;	快速定位至（0，0）
			G98　G76　Z – 17　R2 Q0.1 F50;	用 G76 指令粗镗孔
			G00 Z100;	快速移动到安全高度
			G80;	取消镗孔固定循环

（续）

加工内容	零件图	参考程序	
		M05；	主轴停止
		M30；	程序结束
加工 φ30mm 孔		O3；	程序名（精镗 φ30mm 孔）
		G17 G40 G80 G69 G90；	程序初始化
		G54 G00 Z100；	选择 G54 坐标系
		M03 S600；	主轴正转，转速为 600r/min
		X0 Y0；	快速定位至（0，0）
		G98 G76 Z－17 R2 Q0.1 F50；	用 G76 指令精镗孔
		G00 Z100；	快速移动到安全高度
		G80；	取消镗孔固定循环
		M05；	主轴停止
		M30；	程序结束
加工沉孔		O4；	程序名（铰 φ8mm 通孔）
		G17 G40 G80 G69 G90；	程序初始化
		G54 G00 Z100；	选择 G54 坐标系
		M03 S600；	主轴正转，转速为 600r/min
		X－20 Y－20；	快速定位至（－20，－20）
		G99 G81 X－20 Y－20 Z－17 R5 F50；	用 G81 指令铰第一个孔
		X20 Y20；	铰第二个孔
		G00 Z100；	快速移动到安全高度
		G80；	取消钻孔固定循环
		M05；	主轴停止
		M30；	程序结束

零件图（加工φ30mm孔）：φ30H7 ▽Ra 1.6

零件图（加工沉孔）：2×φ8H7 ⊔φ16▽4

三维图

（续）

加工内容	零件图	参考程序	
加工沉孔	 2×φ8H7 ⊔φ16⌁4 三维图	O5;	程序名（铰削 φ8mm 通孔）
		G17 G40 G80 G69 G90;	程序初始化
		G54 G00 Z100;	选择 G54 坐标系
		M03 S600;	主轴正转，转速为 600r/min
		X - 20 Y - 20;	快速定位至（-20，-20）
		G85 X - 20 Y - 20 Z - 17 R5 F50;	用 G81 指令锪第一个孔
		X20 Y20;	锪第二个孔
		G00 Z100;	快速移动到安全高度
		G80	取消铰孔固定循环
		M05;	主轴停止
		M30;	程序结束
		O6;	程序名（锪孔 φ16mm）
		G17 G40 G80 G69 G90;	程序初始化
		G54 G00 Z100;	选择 G54 坐标系
		M03 S600;	主轴正转，转速为 600r/min
		X - 20 Y - 20;	快速定位至（-20，-20）
		G99 G82 X - 20 Y - 20 Z - 17 R5 P2 F50;	用 G82 指令加工第一个沉孔
		X20 Y20;	加工第二个沉孔
		G00 Z100;	快速移动到安全高度
		G80;	取消钻孔固定循环
		M05;	主轴停止
		M30;	程序结束

思考及提高

销孔加工过程中尺寸容易超差	导致尺寸超差的原因	预防方法
	1. 扩孔时,由于钻头摆动、钻头切削刃不对称等引起孔尺寸变大,导致销孔报废 2. 在铰孔过程中,切削参数不合理,如转速过高等,也会使销孔超差	1. 检查钻头是否磨损,安装时是否摆动过大 2. 铰孔时,降低转速 3. 孔加工时要通切削液,保证散热

第二节　螺纹加工

传统的螺纹加工是采用螺纹车刀车削螺纹或者采用丝锥、板牙手工攻螺纹及套螺纹。随着数控技术的发展,数控铣床对螺纹的加工方法已经变得越来越广泛,目前数控铣床上常用的内螺纹加工方法有攻螺纹和铣螺纹两种。

攻螺纹一般用于孔径比较小的螺纹孔加工(一般小于 M20),大于 M20 的螺纹建议采用铣螺纹加工。

一、攻螺纹固定循环指令

螺纹加工指令说明、指令格式及用途。

指令	说明	指令格式	用途
G84/G74	 (1) 动作过程 1) G84 攻螺纹时主轴正转,丝锥快速定位到螺纹加工循环起始点(X,Y),丝锥沿 Z 方向快速运动到 R 平面,攻螺纹加工,退出时丝锥反转,以进给速度反转退回到 R 平面(G99)。与钻孔不同的是,攻螺纹结束后的返回过程不是快速运动,而是以进给速度反转退出。该指令执行前可不启动主轴,执行该指令时,系统将自动启动主轴正转 2) G74 攻螺纹时的动作与 G84 的类似,不同的是攻螺纹时主轴反转,退出时正转 (2) 注意事项 1) 攻螺纹过程要求主轴转速 S 与进给速度 F 成严格的比例关系 2) 攻螺纹时,速度倍率和进给保持均不起作用	指令格式: G98/G99 G84/G74 X _ Y _ Z _ R _ P _ F _ L _; 格式说明: G98/G99 返回位置 X、Y:孔的位置 Z:孔底位置 R:R 平面的高度 P:孔底暂停时间 F:进给速度 F = n×P F:进给速度(mm/min) n:主轴转速(r/min) P:螺纹导程(mm),单线螺纹为螺距 L:孔加工固定循环的次数,L 为 1 时可以省略	1. G84 用于攻右旋螺纹 2. G74 用于攻左旋螺纹

二、螺纹加工举例

六面体上螺纹加工参考程序如下。

加工内容	零件图	参考程序	
攻螺纹	 螺纹	O7;	程序名（钻螺纹孔）
		G17 G40 G80 G69 G90;	程序初始化
		G54 G00 Z100;	选择 G54 坐标系
		M03 S600;	主轴正转，转速为 600r/min
		X－20 Y20;	快速定位至（－20, 20）
		G99 G81 X－20 Y20 Z－17 R5 F50;	用 G81 指令钻第一个孔
		X20 Y－20;	钻第二个孔
		G00 Z100;	快速抬刀到安全高度
		M05;	主轴停止
		G80;	取消钻孔固定循环
		M30;	程序结束
		O8;	程序名（攻螺纹）
		G17 G40 G80 G69;	程序初始化
		G54 G90 G00 Z100;	选择 G54 坐标系
		M03 S100;	主轴正转，转速为 100r/min
		X－20 Y20;	快速定位至（－20, 20）
		G99 G84 X－20 Y20 Z－17 R5 F100;	用 G84 指令攻第一个螺纹
		X20 Y－20;	钻第二个螺纹
		G00 Z100;	快速抬刀到安全高度
		G80;	取消钻孔固定循环
		M05;	主轴停止
		M30;	程序结束

思考及提高

攻螺纹过程丝锥折断	导致丝锥折断的原因	预防方法
	1. 丝锥选型不对，排屑不畅 2. 底孔留余量太多（如 M6 的螺纹，用 $\phi4mm$ 的钻头钻底孔） 3. 参数不合理（如 F 值与 n 不匹配等）	1. 选择合适的丝锥 2. 严格设置好相应的参数（$F=nP$） 3. 钻好底孔 4. 选择适当的切削液

第五章

数控铣削加工编程技巧及铣削加工

第一节　极坐标编程及铣削加工

在工件的编程过程中，轮廓基点取值通常采用直角坐标系，但对于正多边形等，在对以半径和角度形式进行表示的零件以及圆周分布的孔类零件标注时，采用直角坐标系计算不仅复杂且容易出错，而采用极坐标系进行编程，则基点计算要方便得多。

正六边形

编程方法对比

直角坐标系编程	极坐标编程
构建三角形，采用三角函数取值	构建极坐标
$X_C = OH = 20\text{mm} \times \cos60° = 10\text{mm}$ $Y_C = CH = 20\text{mm} \times \sin60° = 17.32\text{mm}$	$X_C = OC = 20\text{mm}$ $Y_C = 60\text{mm}$
同理，每个点都需构建相应的三角形进行计算才能得到各点的坐标值，比较烦琐、复杂	各点的坐标取值清晰、简单

1. 极坐标指令格式

指令格式	指令说明	图示
G16； 极坐标系生效指令 G15； 极坐标系取消指令	以极坐标半径和角度来确定点的位置 1）极坐标半径：基点与坐标系原点的距离以所选平面的第一根轴表示 2）极坐标角度：基点与坐标系原点的连线与第一根轴之间的夹角，逆时针角度为正 使用 G17、G18、G19 选择加工平面 	平面	极坐标半径	极坐标角度
G17	X	Y
G18	X	Z
G19	Y	Z		

例如，圆上的点以极坐标方式取坐标值：

如图所示，*A*点、*B*点和*C*点采用极坐标描述如下：

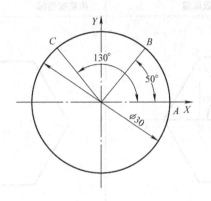

*A*点 X15 Y0；	*B*点 X15 Y50；	*C*点 X15 Y130；

如果圆上的点为孔的中心点时，对于以圆周分布的孔类零件来说，编程将大大简化

如图所示，三个通孔的中心点坐标在极坐标系中取值已知，编写数控加工程序如下：

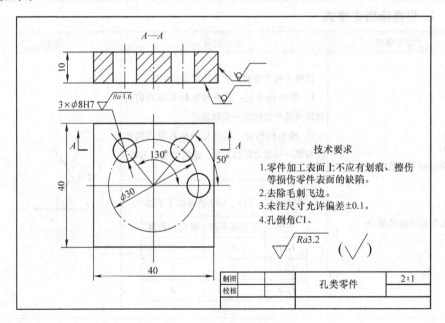

孔类零件

加工孔类零件程序

程序	说明	程序
O0001;		刀具：ϕ8mm 麻花钻
N10	G17 G90 G54;	程序初始化
N20	G00 Z100;	安全高度
N30	M03 S800;	主轴正转
N40	G16;	极坐标编程生效
N50	G00 X15 Y－60;	XY 平面快速定位
N60	G99 G81 X15 Y－60 Z－15 R5 F50;	钻第一个通孔
N70	X15 Y50;	钻第二个通孔
N80	X15 Y130;	钻第三个通孔
N90	G00 Z100;	回到起始高度
N100	G15;	极坐标编程取消
N110	M30;	程序结束

2. 极坐标原点

以工件坐标系原点作为坐标系原点	以刀具当前点作为坐标系原点
采用绝对坐标值编程：G90 G16	采用增量值编程：G91 G16
1）极坐标半径值：基点与工件坐标系原点的距离 2）极坐标角度：基点与工件坐标系原点的连线与 X 轴夹角	1）极坐标半径值：基点与工件坐标系原点的距离 2）极坐标角度：前一基点坐标与刀具起点位置连线与当前轨迹夹角

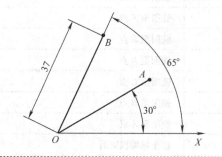 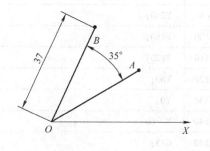

例：由起点 A——终点 B G90 G16 X37 Y30;　A X37 Y65;　　　B	例：由起点 A——终点 B G90 G16 X37 Y30;　　A G91 X37 Y35;　　　B

3. 极坐标编程方法

1）编写如图所示的正六边形外铣削刀具轨迹，Z 向吃刀量为 5mm。

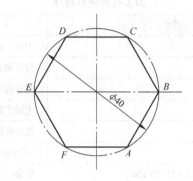

正六边形

加工正六边形轮廓程序

程序		说明
O0001；		刀具：ϕ8mm 键槽铣刀
N10	G17 G90 G54；	程序初始化
N20	G00 Z100；	安全高度
N30	M03 S500；	主轴正转
N40	G00 X30 Y-30；	XY 平面快速定位
N50	G01 Z-5 F100；	Z 向吃刀量
N60	G41 G01 Y-18.06 D01；	建立刀具半径补偿
N70	G16；	极坐标编程生效
N80	G01 X20 Y-60；	铣削至 A 点
N90	Y240；	铣削至 F 点
N100	Y180；	铣削至 E 点
N110	Y120；	铣削至 D 点
N120	Y60；	铣削至 C 点
N130	Y0；	铣削至 B 点
N140	Y-60；	铣削至 A 点
N150	G15；	极坐标编程取消
N160	G90 G40 G01 X30 Y-30；	取消刀具半径补偿
N170	G00 Z100；	回到起始高度
N180	M30；	程序结束

采用增量方式编程，可将上例涉及角度程序段换成以下程序段。但要注意，增量坐标仅为角度增量，而极轴半径坐标并未发生变化。

N90	G91 Y - 60;	铣削至 F 点
N100	Y - 60;	铣削至 E 点
N110	Y - 60;	铣削至 D 点
N120	Y - 60;	铣削至 C 点
N130	Y - 60;	铣削至 B 点
N140	Y - 60;	铣削至 A 点

2）编写如图所示离合器底板数控程序。

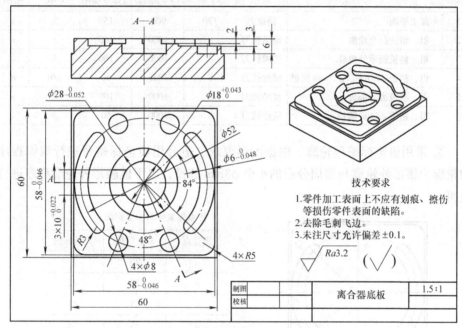

离合器底板

① 制订工艺方案。加工顺序如图所示。

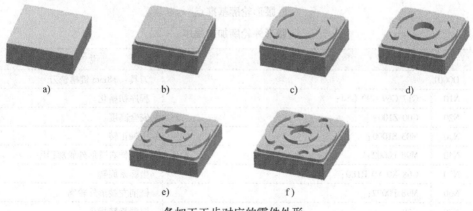

各加工工步对应的零件外形

数控加工艺卡

数控加工工艺卡片			产品名称	零件名称	材料		零件图号
工序号	程序编号	夹具名称	夹具编号	使用设备		车间	
		虎钳					
工步号	工步内容		刀具名称	刀具规格 /mm	主轴转速 /(r/min)	进给速度 /(mm/min)	背吃刀量 /mm	加工简图

工步号	工步内容	刀具名称	刀具规格 /mm	主轴转速 /(r/min)	进给速度 /(mm/min)	背吃刀量 /mm	加工简图
1	加工平面	面铣刀	120	900	150	2	a
2	粗、精铣凸台轮廓	键槽铣刀	8	1000	100	3	b
3	粗、精铣腰形外轮廓	键槽铣刀	8	1000	100	3	c
4	粗、精铣 $\phi28$mm、$\phi18$mm 圆槽	键槽铣刀	8	1000	50	3/6	d
5	粗、精铣齿形部分	键槽铣刀	8	1000	100	2	e
6	粗、精铣 $\phi8$mm 圆槽	键槽铣刀	8	1000	50	3	f

② 采用极坐标编程轮廓。根据图形要求，适合用极坐标指令进行编辑程序的轮廓为腰形外轮廓与圆周分布的 4 个 $\phi8$mm 圆槽，以下就腰形外轮廓程序进行说明。

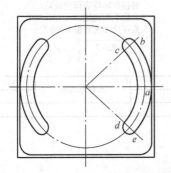

各点极坐标系中坐标值：

坐标点	X 坐标值	Y 坐标值
a	29	0
b	29	42
c	23	42
d	23	-42
e	29	-42

腰形轮廓基准点

腰形外轮廓加工程序

程 序		说 明
O0001;		刀具：$\phi8$mm 键槽铣刀
N10	G17 G69 G90 G54;	程序初始化
N20	G00 Z100;	安全高度
N30	M03 S1000;	主轴正转
N40	M98 P0002;	调用铣右腰形外轮廓程序
N50	G68 X0 Y0 R180;	坐标系旋转
N60	M98 P0002;	铣削左腰形外轮廓
N70	G69;	取消旋转指令

（续）

程　序		说　明
N80	G00 Z100；	回到起始高度
N90	M30；	程序结束
O0002		铣削右腰形外轮廓程序
N10	G00 Z5；	安全高度
N20	G00 X45 Y0；	XY 平面快速定位
N30	G01 Z－3 F100；	Z 向吃刀量
N40	G42 G01 X39 Y－10 D01；	建立刀具半径补偿
N50	G02 X29 Y0 R10；	圆弧进刀
N60	G16；	极坐标编程生效
N70	G03 X29 Y42 R29；	铣削至 b 点
N80	X23 R3；	铣削至 c 点
N90	G02 X23 Y－42 R23；	铣削至 d 点
N100	G03 X29 Y－42 R3；	铣削至 e 点
N110	X29 Y0 R29；	铣削至 a 点
N120	G15；	极坐标编程取消
N130	G02 X39 Y10 R10；	圆弧退刀
N140	G40 G01 X45Y0；	取消刀具半径补偿
N150	M99；	子程序结束

思考及提高

思考	注释	举　例
1. 直角坐标与极坐标的转换	极坐标与直角坐标虽然是两种不同的坐标系，但在一定条件下是可以互相转换的	
2. 刀补的建立和取消与极坐标的先后顺序	先使用极坐标指令 G16，再指定刀具补偿指令（G41/G42 或 G43/G44），取消时，按相反顺序取消	… G16；　（先建立极坐标系） G41 G01 X60 Y25 D01；（再建立刀补） G01 X50 Y25； … … G40 G01 X70 Y50；　（先取消刀补） G15；（再取消极坐标） …

第二节　坐标系旋转编程及铣削加工

图形轮廓形状如果与坐标系各轴相平行，基点的取值相对来说更简单，但对于某些绕着中心旋转的图形，旋转后的图形基点坐标计算相对烦琐，而通过坐标系旋转，可以大大简化编程的工作量。

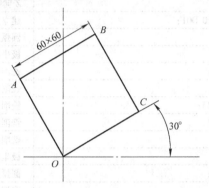

旋转正四边形

直角坐标系编程

构建三角形，采用三角函数取值

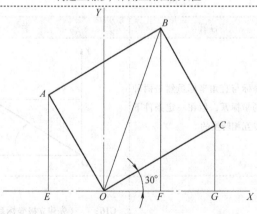

编程

在三角形 OAE 中，可以求 A 点坐标：$X_A = OE = 60\text{mm} \times \cos60° = -30\text{mm}$　$Y_A = EA = 60\text{mm} \times \sin60° = 51.96\text{mm}$。同理，可以在三角形 OBF 中求 B 点坐标，在三角形 OCG 中求 C 点坐标

如果将上图进行旋转，变成下图。利用已学知识，很容易构建直角坐标系，坐标点易计算。

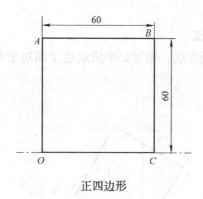

正四边形

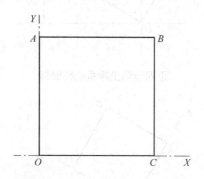

| $X_A = 0$ | $Y_A = 60mm$ | $X_B = 60mm$ | $Y_B = 60mm$ | $X_C = 60mm$ | $Y_C = 0$ |

想一想：

两个图形形状相同，尺寸相同，只是相对原点的位置有旋转而已，如果能在编程时不考虑旋转的影响，那么程序编辑将相对简单。

1. 坐标系旋转指令格式

指令格式	指令说明	图示
G68 X _ Y _ R _； 　坐标系旋转生效指令 G69； 　坐标系旋转取消指令	X _ Y _：坐标系旋转的中心坐标 R _：坐标系旋转的角度，以 X 轴正方向为基准，逆时针旋转为正向 不足 1° 的角度以小数点表示：1° = 60′，如 35°24′ = 35.4°	旋转角度 旋转中心

2. 坐标旋转编程方法

1）用坐标旋转编程方法，编写如图所示的正四边形外铣削刀具轨迹，Z 向吃刀量为 5mm。

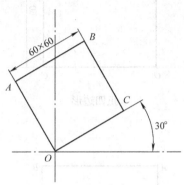

正四边形坐标系旋转编程

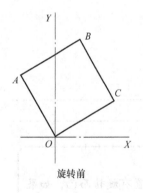 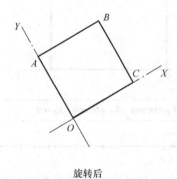 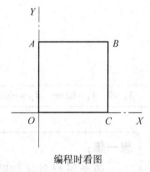

旋转前　　　　　　　　旋转后　　　　　　　编程时看图

旋转编程图示

正四边形旋转程序

程　　序		说　　明
O0001;		刀具：ϕ8mm 键槽铣刀
N10	G17 G90 G54;	程序初始化
N20	G00 Z100;	安全高度
N30	M03 S1000;	主轴正转
N40	G00 X0 Y0;	在 XY 平面快速定位于旋转中心
N50	G68 X0 Y0 R30;	坐标系旋转30°
N60	G00 X−20 Y−20;	XY 平面快速定位
N70	G01 Z−5 F100;	Z 向吃刀量

（续）

程　序		说　明
N80	G41 G01 X0Y－10 D01；	建立刀具半径补偿
N90	G01Y60；	铣削至 A 点
N100	X60；	铣削至 B 点
N110	Y0；	铣削至 C 点
N120	X0；	铣削至 O 点
N130	G40 X－20 Y－20；	取消刀具半径补偿
N140	G00 Z100；	回到起始高度
N150	G69；	取消坐标系旋转
N160	M30；	程序结束

2）用旋转坐标的编程方法　编写如图所示凸台零件数控程序。

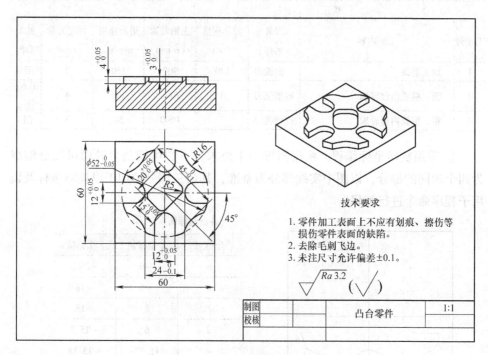

技术要求

1. 零件加工表面上不应有划痕、擦伤等损伤零件表面的缺陷。
2. 去除毛刺飞边。
3. 未注尺寸允许偏差±0.1。

凸台零件

① 制订工艺方案。加工顺序如图所示。

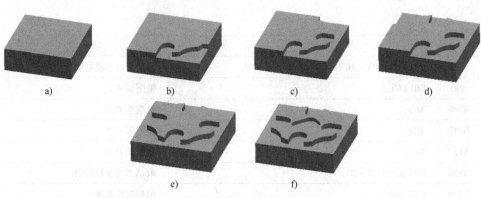

a)   b)   c)   d)

e)   f)

各加工工步后的零件外形

数控加工工艺卡

数控加工工艺卡片			产品名称	零件名称	材料	零件图号	
工序号	程序编号	夹具名称	夹具编号	使用设备		车间	
		虎钳					
工步号	工步内容		刀具名称	刀具规格 /mm	主轴转速 /(r/min)	进给速度 /(mm/min)	背吃刀量 /mm	加工简图
1	加工平面		面铣刀	120	900	150	2	图a
2	粗、精铣凸台轮廓		键槽铣刀	8	1000	100	4	图b~图e
3	粗、精铣内槽轮廓		键槽铣刀	8	1000	50	3	图f

② 采用旋转坐标编程。根据图形加工要求，下图中间凸台轮廓可以分解成为四个相同的部分，以图中实线部分为基准，其余三部分的加工以旋转坐标及调用子程序命令进行编辑。

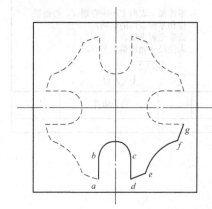

各点坐标值：

坐标点	X坐标值	Y坐标值
a	−6	−25.3
b	−6	−18
c	6	−18
d	6	−25.3
e	11.77	−23.18
f	23.18	−11.77
g	25.3	−6

凸台轮廓坐标点

由基准图形旋转成为其余部分的说明

图　示	说　明
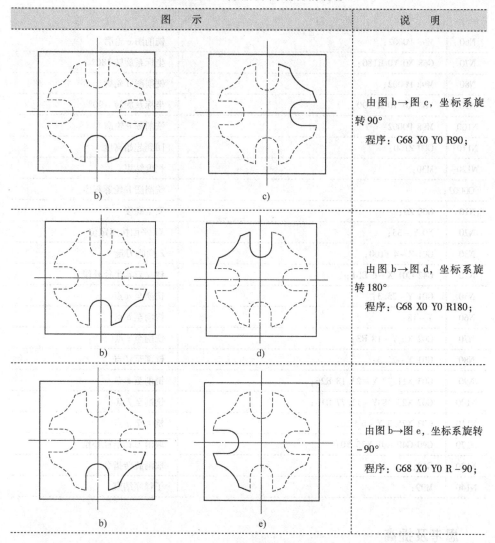	由图 b→图 c，坐标系旋转 90° 程序：G68 X0 Y0 R90;
	由图 b→图 d，坐标系旋转 180° 程序：G68 X0 Y0 R180;
	由图 b→图 e，坐标系旋转 -90° 程序：G68 X0 Y0 R-90;

加工凸台外轮廓程序

程　序		说　明
O0001;		刀具：φ8mm 键槽铣刀
N10	G17 G69 G90 G54;	程序初始化
N20	G00 Z100;	安全高度
N30	M03 S1000;	主轴正转
N40	M98 P0002;	铣削图 b 轮廓
N50	G68 X0 Y0 R90;	坐标系旋转 90°

(续)

	程　序	说　明
N60	M98 P0002；	铣削图 c 轮廓
N70	G68 X0 Y0 R180；	坐标系旋转 180°
N80	M98 P0002；	铣削图 d 轮廓
N90	G68 X0 Y0 R － 90；	坐标系旋转 － 90°
N100	M98 P0002；	铣削图 e 轮廓
N110	G00 Z100；	回到起始高度
N120	M30；	程度结束
	O0002；	铣削图 b 轮廓程序
N10	G00 Z5；	安全高度
N20	X0 Y － 35；	XY 平面快速定位
N30	G01 Z － 4 F100；	Z 向吃刀量
N40	G42 G01 X － 6 D01；	建立刀具半径补偿
N50	G01 Y － 25.3；	铣削至 a 点
N60	Y － 18；	铣削至 b 点
N70	G02 X6 Y － 18 R3；	铣削至 c 点
N80	G01 Y － 25.3；	铣削至 d 点
N90	G03 X11.77 Y － 23.18 R26；	铣削至 e 点
N100	G02 X23.18 Y － 11.77 R16；	铣削至 f 点
N110	G03 X25.3 Y － 6 R26；	铣削至 g 点
N120	G90 G40 G01 X35 Y0；	取消刀具半径补偿
N130	G69；	取消旋转指令
N140	M99；	子程序结束

思考及提高

思考	注释	举　例
1. G90 与 G91 在旋转中的使用	G69 指令后的第一个移动指令必须用 G90 指定，不能用 G91	... G40 G01 X － 20 Y － 30； G69； G90 G01 X － 30；（绝对坐标） ...

（续）

思考	注释	举例
2. 刀补建立、取消与旋转的先后顺序	先使用旋转指令 G68，再指定刀具补偿指令（G41/G42 或 G43/G44），取消时，按相反顺序取消	··· G68 X0 Y0 R30（先建立旋转） G41 G01 X60 Y25 D01；（再建立刀补） G01 X50 Y25； ··· ··· G40 G01 X70 Y50；（先取消刀补） G69；（再取消旋转） ···
3. 回参考点与旋转的顺序	先取消坐标系旋转，再使用返回参考点指令（G28）和回坐标系指令（G54～G59，G92）。	G69；（取消旋转） G91 G28 Z0；（返回参考点） ···
4. 起刀点与旋转的关系	刀具应移动到旋转中心位置后再进行坐标系旋转。注意刀具的起点位置，以防过切	G00 X15 Y10；（移动至旋转中心） G68 X15 Y10 R30；（坐标系旋转） ···

第三节　坐标镜像编程及铣削加工

在编程的过程中，如果工件轮廓是沿着中心或坐标轴对称，对于这种类型的工件，在数控加工过程中，如果采用坐标镜像编程，则程序会简单许多。

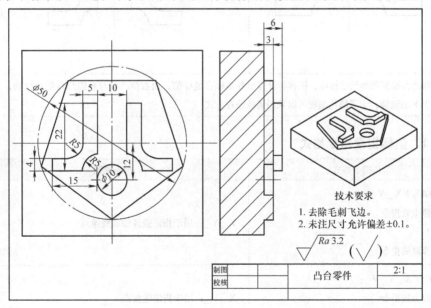

凸台零件

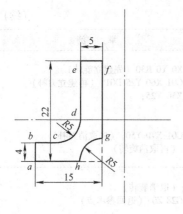

坐标点	X 坐标值	Y 坐标值
a	−20	−9
b	−20	−5
c	−15	−5
d	−10	0
e	−10	13
f	−5	13
g	−5	−4
h	−10	−9

根据图形加工要求，图中间凸台轮廓可以分解成为两个相同的部分，现以左侧凸台轮廓为例，进行其坐标点坐标取值。

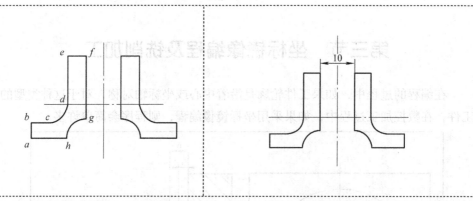

左侧凸台根据图形尺寸标注，很容易计算出各坐标点坐标值，而右侧凸台与左侧凸台形状相同，只是相对于 Y 轴镜像，为了简化编程可以采用镜像编程方式

1. 坐标镜像指令格式

指令格式	指令说明
G17 G51.1 X _ Y _； 　镜像生效指令 G50.1； 　镜像取消指令	X _ Y _：用于指定镜像轴或镜像点
G17 G51 X _ Y _ P _； 　缩放生效指令 G50 　缩放取消指令	X _ Y _：用于指定缩放点 P _：用于指定缩放比例

2. 案例分析

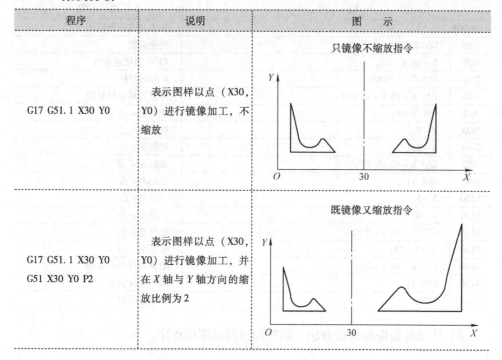

程序	说明	图　示
G17 G51.1 X30 Y0	表示图样以点（X30，Y0）进行镜像加工，不缩放	只镜像不缩放指令
G17 G51.1 X30 Y0 G51 X30 Y0 P2	表示图样以点（X30，Y0）进行镜像加工，并在 X 轴与 Y 轴方向的缩放比例为 2	既镜像又缩放指令

3. 坐标镜像编程方法

1）用坐标镜像编程方法，编写如图所示的凸台零件。

加工凸台零件程序

程　序		说　明
O0001；		刀具：φ8mm 键槽铣刀
N10	G17 G90 G54；	程序初始化
N20	G00 Z100；	初始高度
N30	M03 S1000；	主轴正转
N40	G00 X0 Y0；	XY 平面快速定位
N50	M98 P0002；	加工左边凸台轮廓
N60	G51.1 X0；	沿 Y 轴的轴线镜像
N70	M98 P0002；	加工右边凸台轮廓
N80	G50.1；	取消坐标镜像
N90	G00 Z100；	回到起始高度
N100	M30；	程序结束

(续)

程　　序	说　　明
O0002;	加工左边凸台程序
N10　G00 Z5;	安全高度
N20　X – 30 Y – 20;	XY 平面快速定位
N30　G01 Z – 3 F100;	Z 向吃刀量
N40　G41 X – 20 Y – 15 D01;	建立刀具半径补偿
N50　G01 Y – 9;	铣削至 a 点
N60　Y – 5;	铣削至 b 点
N70　X – 15;	铣削至 c 点
N80　G03 X – 10 Y0 R5;	铣削至 d 点
N90　G01 Y13;	铣削至 e 点
N100　X – 5;	铣削至 f 点
N110　Y – 4;	铣削至 g 点
N120　G03 X – 10 Y – 9 R5;	铣削至 h 点
N130　G01X – 25;	铣削至 a 点
N140　G40 X – 30 Y – 20;	取消刀具半径补偿
N150　G50. 1;	取消坐标镜像
N160　M99;	子程序结束

2）用坐标镜像的编程方法　编写如图所示图形程序。

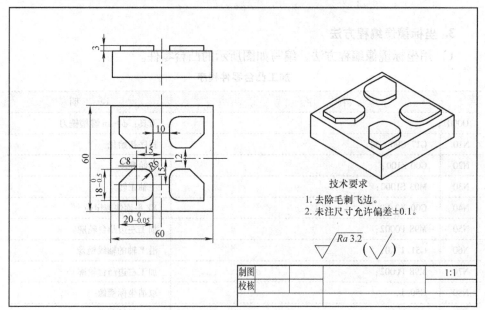

技术要求
1. 去除毛刺飞边。
2. 未注尺寸允许偏差±0.1。

$\sqrt{Ra\,3.2}$ $(\sqrt{\ })$

制图				1:1
校核				

① 制订工艺方案。加工顺序如图所示。

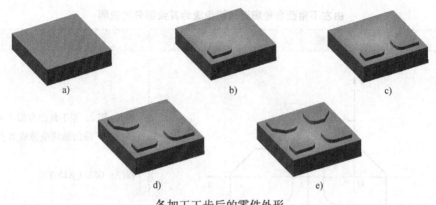

a)　　　　　　　　　　　　b)　　　　　　　　　c)

d)　　　　　　　　　　　e)

各加工工步后的零件外形

数控加工工艺卡

数控加工工艺卡片			产品名称	零件名称	材料	零件图号	
工序号	程序编号	夹具名称	夹具编号	使用设备		车间	
		虎钳					
工步号	工步内容		刀具名称	刀具规格/mm	主轴转速/(r/min)	进给速度/(mm/min)	背吃刀量/mm	加工简图
1	加工平面		面铣刀	120	900	150	2	图 a
2	粗、精铣凸台轮廓		键槽铣刀	8	1000	100	3	图 b ~ 图 e

② 采用旋转坐标编程。根据图形加工要求，图中凸台轮廓可以分解成为四个相同的部分，以图实线部分为基准，其余三部分的加工以坐标镜像及调用子程序命令来编辑。为了轮廓坐标计算较为方便，以左下角凸台轮廓的中心点为坐标系原点进行取值。

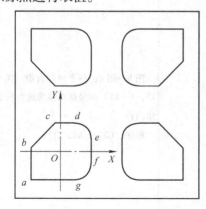

各点坐标值：

坐标点	X 坐标值	Y 坐标值
a	-10	-9
b	-10	1
c	-2	9
d	4	9
e	10	4
f	10	-4
g	4	-9

左下角凸台轮廓坐标点

由左下角凸台轮廓通过镜像成为其余部分的说明

图　示	说　明
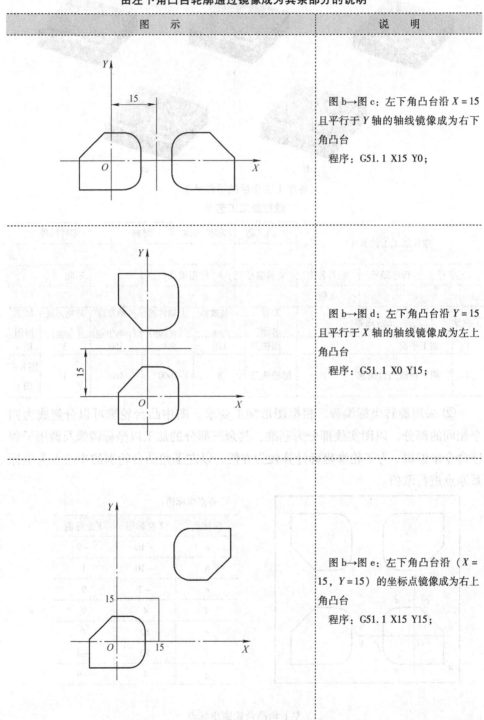	图 b→图 c：左下角凸台沿 $X=15$ 且平行于 Y 轴的轴线镜像成为右下角凸台 程序：G51.1 X15 Y0；
	图 b→图 d：左下角凸台沿 $Y=15$ 且平行于 X 轴的轴线镜像成为左上角凸台 程序：G51.1 X0 Y15；
	图 b→图 e：左下角凸台沿（$X=15$，$Y=15$）的坐标点镜像成为右上角凸台 程序：G51.1 X15 Y15；

加工凸台外轮廓程序

程 序		说 明
O0001；		刀具：φ8mm 键槽铣刀
N10	G17 G90 G54；	程序初始化
N20	G00 Z100；	安全高度
N30	M03 S1000；	主轴正转
N40	G0 X0 Y0；	XY 平面快速定位
N50	M98 P0002；	加工左下角第一个凸台轮廓
N60	G51.1 X15 Y0；	沿 X = 15 且平行于 Y 轴的轴线镜像
N70	M98 P0002；	加工右下角第二个凸台轮廓
N80	G50.1；	取消坐标镜像
N90	G51.1 X15 Y15；	沿 Y = 15 且平行于 X 轴的轴线镜像
N100	M98 P0002；	加工左上角第三个凸轮廓
N110	G50；	取消坐标镜像
N120	G51 X15 Y15 I-1 J-1；	沿 (X = 15, Y = 15) 坐标点镜像
N130	M98 P0002；	加工右上角第四个凸台轮廓
N140	G50.1；	取消坐标镜像
N150	G0 Z100；	回到起始高度
N160	M30；	程序结束
O0002；		加工左下角第一个凸台轮廓子程序
N10	G00 Z5；	安全高度
N20	X-20 Y-20；	XY 平面快速定位
N30	G01 Z-3 F100；	Z 向吃刀量
N40	G41 G01 X-10 D01；	建立刀具半径补偿
N50	G01 Y-9；	铣削至 a 点
N60	Y1；	铣削至 b 点
N70	X-2 Y9；	铣削至 c 点
N80	X4；	铣削至 d 点
N90	G02 X10 Y4 R6；	铣削至 e 点
N100	G01 Y-4；	铣削至 f 点
N110	G02 X4 Y-9 R6；	铣削至 g 点
N120	G01 X-15；	铣削至 a 点
N130	G90 G40 G01 X-20 Y-20；	取消刀具半径补偿
N140	M99；	子程序结束

思考及提高

思考	注释	举例
1. 镜像后顺、逆时针相反	如果程序中有圆弧指令，则圆弧旋转方向相反相成，即 G02 变成 G03，对应地 G03 变成 G02	镜像前：G02　　镜像前：G03
2. 刀补偏置方向相反	如果程序中有刀具半径补偿指令，则刀具半径补偿的偏置方向相反，即 G41 变成 G42，对应地 G42 变成 G41	镜像前：G41　　镜像后：G42
3. 表面粗糙度的影响	镜像后，顺铣变逆铣、逆铣变顺铣，对表面粗糙度有影响	镜像前：顺铣　　镜像后：逆铣
4. 回参考点与镜像的顺序	先取消镜像指令，再使用返回参考点指令（G28）和或坐标系指令（G54～G59，G92）	… G69（取消镜像） G91 G28 Z0（返回参考点）

第 六 章

简单曲面铣削加工

由于受客观条件和教学时间的限制，自动编程（计算机编程）在目前还未普及，为了了解编程的基本原理及方法，手工编程仍为最基本的学习内容之一。

对于加工形状简单的零件，计算比较简单，程序不多，采用手工编程比较容易完成。但对于形状复杂的零件，特别是具有非圆曲线、列表曲线及曲面的零件，用一般的手工编程就有一定的困难，且出错概率大，有的甚至无法编出程序，而采用宏程序编程则可很好解决这一问题。

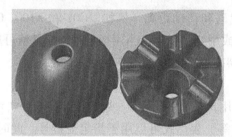 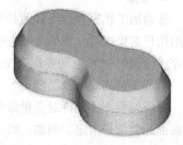

曲面零件

第一节 宏程序编程基本知识

非圆曲线轮廓零件的种类很多，但不管是哪一种类型的非圆曲线零件，编程时所做的数学处理是相同的。一是选择插补方式，即首先应决定是采用直线段逼近非圆曲线，还是采用圆弧段逼近非圆曲线；二是插补节点坐标计算。采用直线段逼近零件轮廓曲线，一般数学处理较简单，但计算的坐标数据较多。

等间距法是使一坐标的增量相等，然后求出曲线上相应的节点，将相邻节点连成直线，用这些直线段组成的折线代替原来的轮廓曲线。其特点是计算简单，

101

坐标增量的选取可大可小，选得越小则加工精度越高，同时节点会增多，相应的编程费也将增加，而采用宏编程正好可以弥补这一缺点。

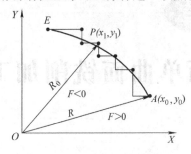

逐点比较法圆弧插补

一、FANUC 0i 的宏程序及变量的概念

1. 宏程序

数控程序中含有变量的程序称为宏程序。

宏程序可以让用户利用数控系统提供的变量、数学运算、逻辑判断和程序循环等功能，来实现一些特殊的用法，从而使得编制同样的加工程序更加简便。

2. 变量

普通加工程序直接用数值指定 G 代码和移动距离，例如，G01 和 X100. 0。使用用户宏程序时，数值可以直接指定或用变量指定。当用变量时，变量值可用程序或用 MDI 面板上的操作改变。如：#1 = #2 + 100 或 G01 X#1 F300。

（1）变量的表示及类型

一般编程方法允许对变量命名，但用户宏程序不行。变量用变量符号 "#" 和后面的变量号指定。例如：#1、#100 等。表达式可以用于指定变量号。此时，表达式必须封闭在括号中。例如：# [#1 + #2 - 12]。

变量根据变量号可以分成四种类型，见下表。

变量类型及功能

变量号	变量类型	功　　能
#0	空变量	该变量总是空，没有值能赋给该变量
#1 – #33	局部变量	局部变量只能用在宏程序中存储数据运算结果。当断电时，局部变量被初始化为空，调用宏程序时，自变量对局部变量赋值
#100 – #199 #500 – #999	公共变量	公共变量在不同宏程序中的意义相同。例如，当断电时，变量#100 – #199 初始化为空，变量#500 – #999 的数据保存，即使断电也不丢失
#1000	系统变量	系统变量用于读和写 CNC 运行时各种数据的变化。例如，刀具的当前位置和补偿值

（2）变量的运算

变量常用算术、逻辑运算和运算符见下表。运算符右边的表达式可包含常量，或由函数或运算符组成的变量。表达式中的变量"#j"和"#k"可以用常数赋值。左边的变量也可以用表达式赋值。

常用算术、逻辑运算和运算符

功能	格式	备注与具体示例
定义、替换	#i = #j	#100 = #1，#100 = 30.0
加	#i = #j + #k	#100 = #1 + #2
减	#i = #j − #k	#100 = #1 − #2
乘	#i = #j * #k	#100 = #1 * #2
除	#i = #j/#k	#100 = #1/#2
正弦	#i = SIN [#j]	
反正弦	#i = ASIN [#j]	#100 = SIN [#1]
余弦	#i = COS [#j]	#i = COS [36.3 + #2]
反余弦	#i = ACOS [#j]	#100 = ATAN [#1] / [#2]
正切	#i = TAN [#j]	
反正切	#i = ATAN [#j]	
平方根	#i = SQRT [#j]	
绝对值	#i = ABS [#j]	
舍入	#i = ROUND [#j]	#100 = SQRT [#1 * #1 − 100]
上取整	#i = FIX [#j]	#100 = EXP [#1]
下取整	#i = FUP [#j]	
自然对数	#i = LN [#j]	
指数函数	#i = EXP [#j]	
逻辑或	#i = #jOR#k	
逻辑与	#i = #jAND#k	逻辑运算一位一位地按二进制执行
异或	#i = #jOR#k	

其中，需要注意以下问题：

1）角度单位。函数正弦、余弦、正切、反正弦、反余弦和反正切的角度单位是度（°）。例如：90°30′表示为90.5°。

2）运算符的优先级。按照优先级的先后顺序依次是：函数→乘和除运算（*、/、AND、MOD）→加和减运算（+、−、OR、XOR）。

3）括号嵌套。括号用于改变运算优先级。括号最多可以嵌套使用5级，包括函数内部使用的括号。

二、宏程序的编程方法

（1）无条件转移（GOTO）语句

转移到顺序号为 n 的程序段。格式为：GOTOn，其中 n 表示程序段号。

例如：GOTO1，表示转移到第一程序段。

再如：GOTO#10，表示转移到变量#10 决定的程序段。

（2）条件转移（IF）语句

在 IF 后指定一条件，当条件满足时，转移到顺序号为 n 的程序段，不满足则执行下一程序段。

格式为：IF［表达式］ GOTO n。

（3）循环（WHILE）语句

在 WHILE 后，指定一条件表达式，当条件满足时，执行 DO 到 END 之间的程序（然后返回到 WHILE 重新判断条件），不满足条件，则执行 END 后的下一程序段。

格式为：WHILE［条件式］ DOm；

（m＝1、2、3，表示循环执行范围的识别号）

…

END m；

其中，m 只能是 1、2 和 3，否则系统报警。DO→END 循环能够按需要使用多次，即循环嵌套。

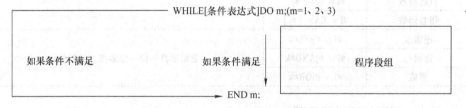

条件表达式的种类见下表。

条件表达式的种类

条件式	意义	具体示例
#i EQ #j	等于	#1 EQ – 10
#i NEQ #j	不等于	#1 NEQ – 10
#i GT #j	大于	#1 GT – 10
#i GE #j	大于等于	#1 GE – 10
#i LT #j	小于	#1 LT – 10
#i LE #j	小于等于	#1 LE – 10

第二节 半圆柱体铣削加工

在零件加工中我们会经常遇到零件的某个部位是一个半圆柱形，如下图所示。用一般的手工编程会有一定的困难，编写出的程序段较多，这时我们就需要采用增量编程方式或编写宏程序来解决这一问题。

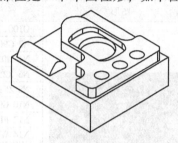

半圆柱零件

一、水平轴线的半圆柱体增量编程方式

提取零件图中的半圆柱体，可以编写其增量方式加工程序。

刀路轨迹图形	参考程序	说明
	O1001；（主程序）	水平轴线的半圆柱体增量编程加工，采用调用子程序的编程方式，重复一个循环动作。如左图所示，点线、灰线、点划线分别代表三条重复循环的加工路线。
	N10 G90 G54 G00 G40 X0 Y0 Z100；	
	N20 M03 S1200；	
	N30 X25 Y – 15；	
	N40 Z5；	
	N50 G01 Z – 5 F100；	
	N60 M98 P100 L50；	主程序 N30～N50 段，表示把刀具移动至起点位置，如图中 A 点所示。
	N70 G90 G00 Z100；	
	N80 M05；	
	N90 M30；	主程序 N60，表示调用子程序 O100 50 次。调用次数是根据零件尺寸和每次循环所加工的距离而定的。图中要加工零件的长度是40mm，刀具的半径是4mm，每次循环走刀距离是1mm，为了保证不留余量，零件两端都要延伸1mm，通过计算得出，要加工完这个半圆柱体需调用子程序 50 次。
	O100；（子程序）	
	N10 G19 G91 G02 Y5 Z5 R5 F400；	
	N20 G01 Y10；	
	N30 G02 Y5 Z – 5 R5；	
	N40 G01 X – 0.5；	
	N50 G03 Y – 5 Z5 R5；	
	N60 G01 Y – 10；	
	N70 G03 Y – 5 Z – 5 R5；	子程序即图中点画线刀路的程序
	N80 G01 X – 0.5；	
	N90 M99；	

二、水平轴线的半圆柱参数编程

水平轴线的半圆柱参数编程即所谓的宏程序，它和调用子程序思路一致，都是通过重复一个循环动作，完成零件的加工，下面通过实例进行说明。

图形	参考程序	说明
	O1001；	
	N2 G90 G54 G00 G40 X0 Y0 Z100；	程序开始部分
	N4 M03 S1200；	
	N6 X25 Y－15；	
	N8 Z5；	
	N10 G01 Z－5 F100；	
	N12 #1＝25；	变量
	N14 WHILE［#1GE－25］DO1；	条件式
	N16 G02 Y5 Z5 R5 F400；	加工段
	N18 G01 Y10；	
	N20 G02 Y5 Z－5 R5；	
	N22 G01 X #1；	
	N24 #1＝#1－0.5；	变量计算
	N26 G03 Y－5 Z5 R5；	加工段
	N28 G01 Y－10；	
	N30 G03 Y－5 Z－5 R5；	
	N32 G01X－0.5；	
	N34 #1＝#1－0.5；	变量计算
	N36 END 1；	结束语
	N38 G00 Z100；	程序结束
	N40 M05；	
	N42 M30；	

思考及提高

思考	注释	举例
当半圆柱轴线不与坐标系轴线平行时，是否可以使用增量编程方式来编写加工程序	当半圆柱轴线不与坐标系轴线平行时，不能使用增量编程方式来编写加工程序，因为当半圆柱轴线不与坐标系轴线平行时，半圆柱不属于 ZX、YZ 中任何一个平面，故无法使用增量编程方式来编写加工程序。这就需要使用宏程序来编写加工程序	

第三节　圆锥台铣削加工

圆锥台的铣削加工，用一般的手工编程就有一定的困难，不能用普通的编程方式来完成零件加工程序，这时就需要利用数控系统提供的变量、数学运算、逻辑判断和程序循环等功能，来实现这类零件加工程序的编写。

一、圆锥台加工宏程序

圆锥台的宏程序编写其实非常简单，只要掌握方法和原理，宏程序的编写也是很容易的。圆锥台从侧面看就是一个三角形，如下图所示。只要根据三角函数知识，利用数控系统提供的变量、数学运算、逻辑判断和程序循环等功能，很容易就编写出加工圆锥台的宏程序。

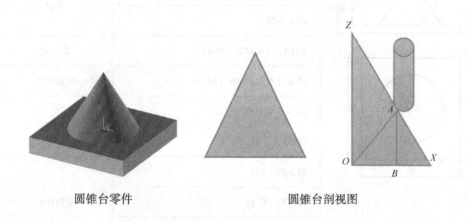

圆锥台零件　　　　　　　　　圆锥台剖视图

在编写加工程序之前，首先来学习一些编写圆锥台加工宏程序所用到的知识点。加工圆锥台，就是把圆锥的高度 OZ 作为一个已知变量，通过三角函数可以计算出圆锥的半径值 OX，随着高度的升高，圆锥的半径也随着变小，利用此原理来完成圆锥台的加工。在上图中，当刀具加工到 A 点时，把 BA 作为一个已知变量，根据三角函数，就很容易就计算出 A 点的半径值。

二、圆锥台加工程序

图形	参考程序	说明
	O1002;	
	G90 G54 G0 G40 X0 Y0 Z100;	
	M03 S1200;	程序开始部分
	X30 Y0;	
	Z6;	
	G01 Z –25 F100;	下刀
	G42 X20 Y0 D01 F200;	建立刀具半径补偿
	#1 = 0;	变量
	#2 = – 25;	
	WHILE［#2LE0］DO1;	条件式
	#3 =［#1］/TAN［60］;	计算公式
	G1 Z［#2］F200;	加工段
	G02 I –［#4］;	
	#4 = #3 – 20;	
	#1 = #1 + 0.1;	变量计算
	#2 = #2 + 0.1;	
	G40 G01 X0 Y0;	取消刀具半径补偿
	END1;	结束语
	G0 Z100;	
	M05;	程序结束
	M30;	

思考及提高

思考	注释	举例
当圆锥台不在工件中心，怎样使用宏程序编程	当圆锥台不在零件中心时，由于编程习惯，都喜欢把编程原点设立在零件上表面中心，这时就会出现零点不统一的问题，编程就比较麻烦，这时要编程，有以下两种方法： 　　1. 在圆锥台中心再设立一个原点，编程时可用第二坐标系 　　2. 编程时在变量的后面加上一个距离值	

第四节　椭圆铣削加工

椭圆轮廓的铣削编程，首先要建立数学模型，通过数学计算编写加工程序，完成椭圆加工。

一、椭圆加工宏程序

在编写加工程序之前，我们要了解椭圆的方程式。

椭圆参数方程：$\dfrac{X^2}{a^2}+\dfrac{Y^2}{b^2}=1$　椭圆参数方程：$X=a\cos\theta$　$Y=b\sin\theta$

椭圆加工程序是根据角度的变化，通过椭圆参数方程计算出 X 与 Y 的坐标值，通过直线插补加工出椭圆。

注意：椭圆 X 方向是长半轴（a），Y 方向是短半轴（b）。椭圆圆心角（θ）的零度永远在 X 轴正方向轴线上。

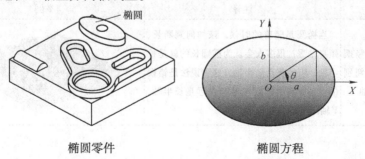

椭圆零件　　　　　　　　　　椭圆方程

二、椭圆加工程序

图示	参考程序	说明
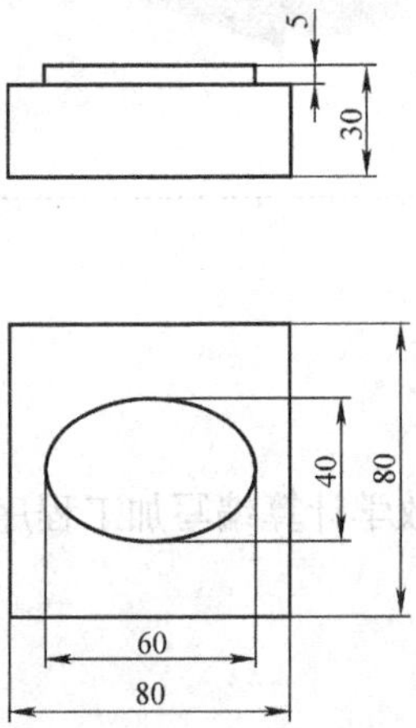	O1001 ;	程序开始部分
	G90 G54 G0 G40 X0 Y0 Z100 M08 ;	
	M03 S1200 ;	
	X46 Y0 ;	
	Z6 ;	
	G01 Z – 5 F100 ;	下刀
	G42 X36 Y – 6 D01 F200 ;	建立刀具半径补偿
	G02 X30 Y0 R6 ;	
	#1 = 0 ;	变量
	WHILE［#1LE360］DO1 ;	条件式
	#2 = 30 * COS［#1］;	计算公式
	#3 = 20 * SIN［#1］;	
	G01 X［#2］Y［#3］;	加工段
	#1 = #1 + 1 ;	变量计算
	END1 ;	结束语
	G40 G02 X36 Y6 R6 ;	取消刀具半径补偿
	G0 Z100 ;	程序结束
	G53 Y0 ;	
	M05 ;	
	M30 ;	

思考及提高

思考	注释	举例
椭圆横、竖摆放时，如何判别其长、短半轴	当椭圆是竖着的时候，该如何判断长、短半轴呢？很多人会认为椭圆长的就是长半轴，短的就是短半轴，这种说法是错误的。坐标系中椭圆 X 轴向永远是长半轴，Y 轴向永远是短半轴	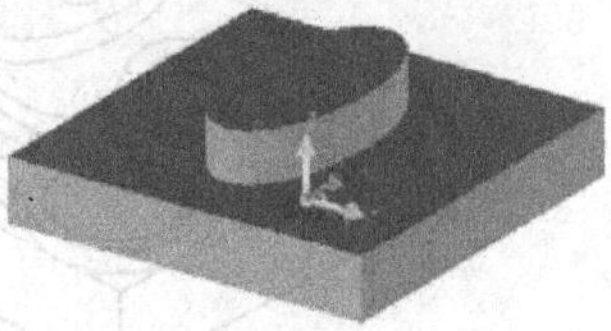

第七章

计算机辅助制造

第一节　CAD/CAM 软件简介

CAD/CAM 技术经过几十年的发展，先后走过大型机、小型机、工作站、计算机时代，每个时代都有当时流行的 CAD/CAM 软件，现在工作站和计算机平台 CAD/CAM 软件已经占据主导地位，目前 CAD/CAM 软件的代表有 UG、Pro/Engineer、CATIA 、CAXA 等，下面以 CAXA 制造工程师为例进行介绍。

CAXA 制造工程师是北航海尔软件有限公司研制开发的全中文、面向数控铣床和加工中心的三维 CAD/CAM 软件。CAXA 制造工程师基于计算机平台，采用原创 Windows 菜单和交互方式，全中文界面，便于轻松学习和操作，并且价格较低。CAXA 制造工程师可以生成 3 ~ 5 轴的加工代码，可用于加工具有复杂三维曲面的零件。

一、CAXA 制造工程师菜单界面

制造工程师工具条中每一个按钮都对应一个菜单命令，单击按钮和单击菜单命令是完全一样的。界面如下图所示。

1. 标题栏

跟大多数 Windows 软件一样，标题栏位于窗口最上边一行，从左至右依次为：该窗口图标、该软件名称、当前文档名。

2. 主菜单

位于软件窗口的顶部，单击菜单条中的任意一个菜单项，都会弹出一个下拉式菜单，指向某一个菜单项会弹出其子菜单。菜单条与子菜单构成了下拉主

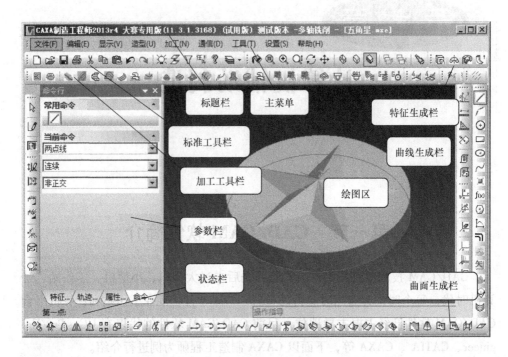

菜单。

3. 绘图区

屏幕中间的大面积区域为绘图区，是操作者进行绘图的区域。

4. 参数栏

位于软件窗口的左边，用于显示立即菜单，在执行绘图命令和曲线编辑命令时，显示立即菜单，用于设置绘图和编辑时的类型及方法。

5. 工具栏

一般位于绘图区的上方和右侧，也可拉至其他区域，由若干个图标组成条形区域。在工具栏中，可以通过单击相应的图标按钮进行操作。在绘图区的上方，常用的工具栏有"标准工具栏""特征生成栏""显示""曲线生成栏""曲面生成栏""线面编辑栏""几何变换栏"等。

6. 状态栏

状态行位于窗口最下面一行，左边用于对当前操作进行提示，中间部分显示当前工具状态，右边显示当前光标的坐标值。

二、CAXA 制造工程师绘图常用工具栏

名称	工具栏	功 能
曲线生成		包括十六项功能：直线、圆弧、圆、矩形、椭圆、样条、点、公式曲线、多边形、二次曲线、等距线、曲线投影、相关线、样条，圆弧和文字等绘制功能。在系统提示栏的提示下都可以完成相应操作
几何变换		几何变换对于编辑图形和曲面有着极为重要的作用，可以极大地方便用户。几何变换是指对线、面进行变换，对造型实体无效，而且几何变换前后线、面的颜色、图层等属性不发生变换。几何变换共有七种功能：平移、平面旋转、旋转、平面镜像、镜像、阵列和缩放
曲面生成栏		CAXA 制造工程师提供了丰富的曲面造型手段，构造完决定曲面形状的关键线框后，就可以在线框基础上，选用各种曲面的生成和编辑方法，在线框上构造所需定义的曲面来描述零件的外表面。根据曲面特征线的不同组合方式，可以组织不同的曲面生成方式。曲面生成方式共有十种：直纹面、旋转面、扫描面、边界面、放样面、网格面、导动面、等距面、平面和实体表面
特征生成栏		特征设计是零件设计模块的重要组成部分。CAXA 制造工程师的零件设计采用精确的特征实体造型技术，它完全抛弃了传统的体素合并和交并差的烦琐方式，将设计信息用特征术语来描述，使整个设计过程直观、简单、准确。通常的特征包括孔、槽、型腔、点、凸台、圆柱体、块、锥体、球体、管子等

（续）

名称	工具栏	功　能
加工工具栏	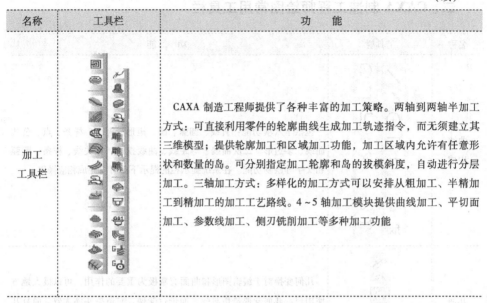	CAXA 制造工程师提供了各种丰富的加工策略。两轴到两轴半加工方式：可直接利用零件的轮廓曲线生成加工轨迹指令，而无须建立其三维模型；提供轮廓加工和区域加工功能，加工区域内允许有任意形状和数量的岛。可分别指定加工轮廓和岛的拔模斜度，自动进行分层加工。三轴加工方式：多样化的加工方式可以安排从粗加工、半精加工到精加工的加工工艺路线。4～5 轴加工模块提供曲线加工、平切面加工、参数线加工、侧刃铣削加工等多种加工功能

第二节　实体造型与加工

　　五角星实体形状的加工是实体造型与加工的典型范例，从中可以学到 CAXA 软件的实体建模、自动编程完成零件加工等计算机辅助制造中必须掌握的基本知识（主要包含刀具的选择、加工策略的选择、参数及后置处理的设置等）。

一、五角星实体造型

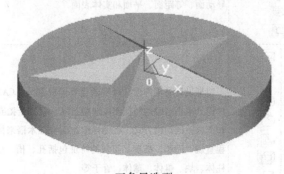

五角星造型

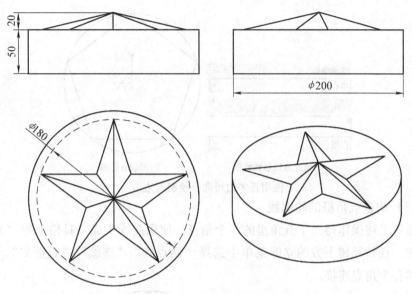

五角星二维图及立体图

造型思路：由图样可知，五角星的外形主要是由多个空间曲面组成的，因此在构造实体时首先应使用空间曲线构造实体的空间线架，然后利用直纹面生成曲面，可以逐个生成也可以将生成的一个角的曲面进行圆形均布阵列，最终生成所有的曲面。最后使用曲面裁剪实体的方法生成实体，完成造型。

1. 绘制五角星的框架

（1）圆的绘制

单击曲线生成工具栏上的 ⊙ 按钮，进入空间曲线绘制状态。在特征树下方的立即菜单中选择作圆方式"圆心点_半径"，然后按照提示用鼠标点取坐标系原点，也可以按回车键，在弹出的对话框内输入圆心的坐标（0，0，0）、半径 R＝90 并确认，然后单击鼠标右键结束该圆的绘制。

> **注意**
> 在输入坐标时，应该在英文输入法状态下输入，也就是标点符号是半角输入，否则会导致错误。

（2）五边形的绘制

单击曲线生成工具栏上的 ⊙ 按钮，在特征树下方的立即菜单中选择"中心"定位，边数 5 条，内接，按回车键。输入多边形的中心坐标（0，0，0），按回车键。输入多边形的起点坐标（0，90，0），按回车键。这样我们就得到了五角星的 5 个角点。

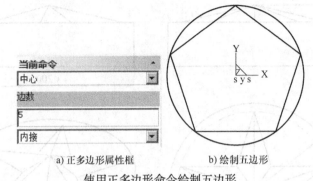

a) 正多边形属性框　　　　　　b) 绘制五边形

使用正多边形命令绘制五边形

（3）构造五角星的轮廓线

通过上述操作得到了五角星的5个角点，使用曲线生成工具栏上的"直线" ＼按钮，在特征树下方的立即菜单中选择"两点线""连续""非正交"，将五角星的各个角点连接。

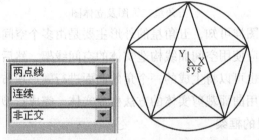

a) 直线命令属性框　　　　b) 连接五边形的5个角点

使用直线命令连接五边形各顶点

使用"删除"工具将多余的线段删除。单击 ⊘ 按钮，用鼠标直接点取多余的线段，拾取的线段会变成红色，单击右键确认。

删除后图中还会多出一些线段，单击线面编辑工具栏中的"曲线裁剪" ⚞按钮，在特征树下方的立即菜单中选择"快速裁剪""正常裁剪"方式，用鼠标点取多余的线段就可以实现曲线裁剪。这样就得到了一个五角星轮廓。

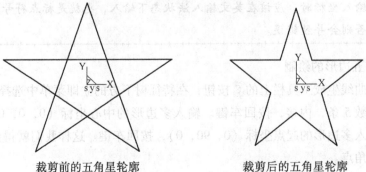

裁剪前的五角星轮廓　　　　　　　　裁剪后的五角星轮廓

（4）构造五角星的空间线架

在构造空间线架时，还需要一个五角星的顶点，因此需要在五角星的高度方向上找到一点（0，0，20），以便通过两点连线实现五角星的空间线架构造。

使用曲线生成工具栏上的"直线"按钮，在特征树下方的立即菜单中选择"两点线""连续""非正交"，用鼠标点取五角星的一个角点，然后按回车键，输入顶点坐标（0，0，20），同理，作五角星的5个角点与顶点的连线，完成五角星空间线架的构造。

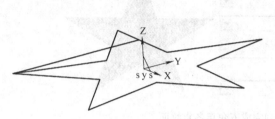

绘制五角星的空间线架

2. 生成五角星曲面

（1）通过直纹面生成曲面

选择五角星的一个角为例，用鼠标单击曲面工具栏中的"直纹面"按钮，在特征树下方的立即菜单中选择"曲线＋曲线"的方式生成直纹面，然后用鼠标左键拾取该角相邻的两条直线完成曲面。

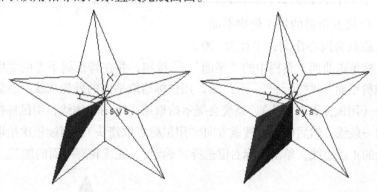

直纹面的创建

> **注意**
>
> 在拾取相邻直线时，鼠标的拾取位置应该尽量保持一致（相对应的位置），这样才能保证得到正确的直纹面。

（2）生成其他角的曲面

在生成其他曲面时，既可以利用直纹面逐个生成曲面，也可以使用阵列功能对已有一个角的曲面进行圆形阵列来实现五角星的曲面构成。单击几何变换工具栏中的 按钮，在特征树下方的立即菜单中选择"圆形"阵列方式，分布形式选择"均布"，份数选择"5"，用鼠标左键拾取一个角上的两个曲面，单击鼠标右键确认，然后根据提示输入中心点坐标（0，0，0），也可以直接用鼠标拾取坐标原点，系统会自动生成各角的曲面。

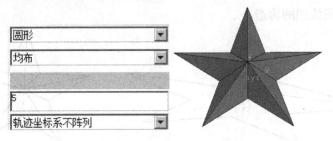

阵列完成五角星各直纹面

注意

在使用圆形阵列时，一定要注意阵列平面的选择，否则曲面会发生阵列错误。因此，在本例中使用阵列前应按一下快捷键"F5"，用来确定阵列平面为 XOY 平面。

（3）生成五角星的加工轮廓平面

先以原点为圆心作圆，半径为100。

用鼠标单击曲面工具栏中的"平面" 按钮，并在特征树下方的立即菜单中选择"裁剪平面" 裁剪平面 。用鼠标拾取平面的外轮廓线，然后确定链搜索方向（用鼠标点取箭头），系统会提示拾取第一个内轮廓线，用鼠标拾取五角星底边的一条线，然后确定链搜索方向（用鼠标点取箭头），继续依次拾取五角星底边剩余的4条边线，单击鼠标右键选择"确定"，完成轮廓平面的加工。

五角星加工轮廓平面边界

拾取第一个内轮廓线

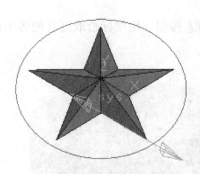

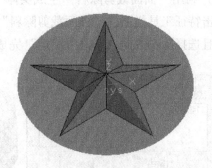

拾取五角星底边的线段　　　　　　　创建加工轮廓平面

3. 生成加工实体

（1）生成基本体

选中特征树中的 XOY 平面，单击鼠标右键选择"创建草图"，或者直接单击"创建草图" ![按钮] 按钮（或按快捷键 F2），进入草图绘制状态。

单击曲线生成工具栏上的"曲线投影" ![按钮] 按钮，用鼠标拾取已有的外轮廓圆，将圆投影到草图上。

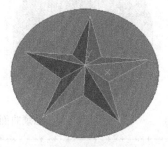

创建草图　　　　　　　　　　　曲线投影

单击特征工具栏上的"拉伸增料" ![按钮] 按钮，在"拉伸增料"对话框中选择相应的选项，单击"确定"完成。

a)"拉伸增料"对话框图　　　　　　b) 拉伸特征

拉伸后的实体特征

119

（2）利用"曲面裁剪除料"生成实体

单击特征工具栏上的"曲面裁剪除料" 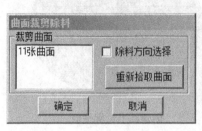 按钮，用鼠标拾取已有的各个曲面，并且选择除料方向，单击"确定"完成。

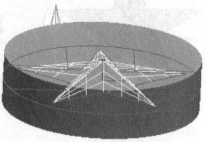

a)"曲面裁剪除料"对话框   b)裁剪后的实体特征

曲面裁剪除料生成实体特征

（3）利用"隐藏"功能将曲面隐藏

单击并选择【编辑】→【隐藏】，用鼠标单个拾取曲面，单击右键选择"确认"，实体上的曲面就被隐藏了（曲线不隐藏）。

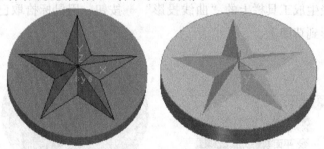

隐藏曲面后的特征

注意

由于在实体加工中，有些图线和曲面是需要保留的，因此不要随便删除。

二、五角星的加工

由图形分析可知，五角星造型不复杂，主要是由多个空间面组成的，没有深和狭窄的腔体，比较容易加工，为此可以按一般的加工步骤就可以完成，加工步骤如下：粗加工→清角加工→精加工。

1. 定义毛坯边界

单击"相关线"按钮 ，弹出"相关线"对话框，并把下拉菜单设置为"实体边界" 实体边界 ▼ ，拾取五角星底圆为毛坯边界。

2. 定义毛坯

单击左侧模型树"轨迹管理"按钮，弹出"轨迹管理"模型树；双击毛坯图标弹出"毛坯定义"对话框，把类型设置为"柱面"，点选 拾取平面轮廓 按钮，拾取五角星的底圆，对五角星毛坯进行设置。

轨迹管理　　　　　　　　　　　　　　毛坯定义

3. 创建加工坐标系

在"坐标系""sys（装卡）"处单击右键，在弹出的立即菜单中选择"创建"，在下拉菜单中选取"单点" 单点 ，选取五角星的顶点，输入坐标系的名称：加工坐标系。这样即完成了加工坐标系的创建。

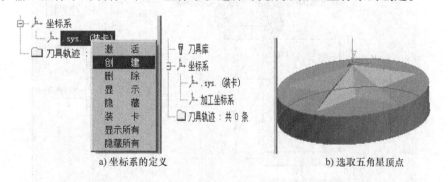

a) 坐标系的定义　　　　　　　　　　　b) 选取五角星顶点

创建坐标系

4. 定义刀具库

双击"轨迹管理"模型树的"刀具库"按钮，弹出"刀具库"对话框。单击"刀具库"对话框的"增加"按钮 增 加 ，在弹出的"刀具定义"对话框中对项目和参数进行设置。单击"确定"按钮 确定 ，完成直径为16mm的立铣刀设置。继续在"刀具库"对话框单击"增加"按钮 增加 ，用同样的方法设置直径为8mm的球头立铣刀、直径为6mm的球头立铣刀。

"刀具库"对话框

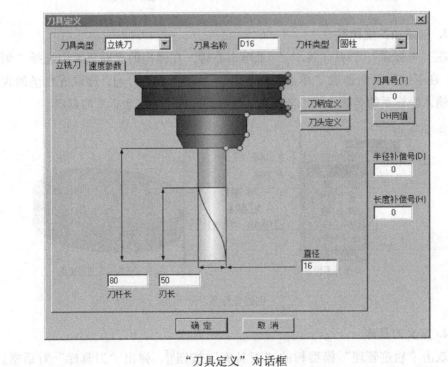

"刀具定义"对话框

注意

① 刀具一般以铣刀的直径和刀具圆角半径来表示，刀具名称尽量和工厂中用刀的习惯一致。刀具名称一般表示形式为"D10，r3"，D代表刀具直径，r代表刀具圆角半径。

② 设定增加的铣刀的参数。在"刀具库"对话框中键入正确的数值，刀具定义即可完成。其中的切削刃长度和刀杆长度与仿真有关，而与实际加工无关，在实际加工中要正确选择切削用量，以免刀具损坏。

5. 对五角星进行粗加工

（1）加工参数设置

单击"等高线粗加工"按钮 ，弹出"等高线粗加工（创建）"对话框，对加工参数进行设置。

"等高线粗加工（创建）"对话框

注意

在零件或模具的粗加工中通常选用等高线粗加工策略，粗加工余量通常留 0.3～1mm，层高设置为 0.3～1.5mm，行距设置为刀具直径的 50%～80%。

（2）区域参数、干涉参数、计算毛坯使用系统默认参数

（3）连接参数的设置

连接参数的设置

注意

粗加工的下刀方式通常使用螺旋式下刀，以便减轻刀具的负载，倾斜角取 1°~3°。

（4）切削用量设置

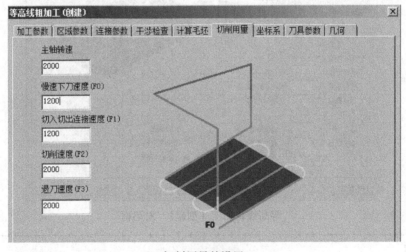

切削用量的设置

（5）坐标系设置

（6）刀具参数设置

从 刀库 里选取 D16 立铣刀。

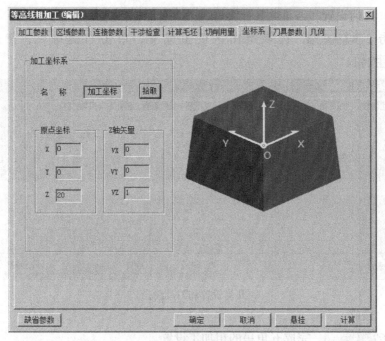

坐标系的设置

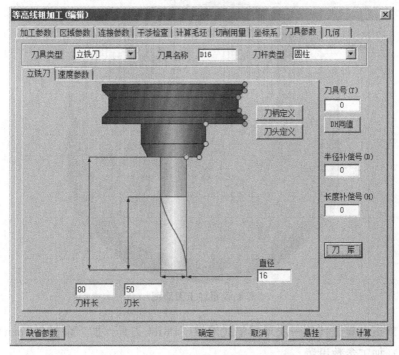

刀具参数的设置

（7）几何设置和刀具路径计算

单击 加工曲面 ，选取绘图区的五角星，单击右键确认，然后单击
计算 按钮。

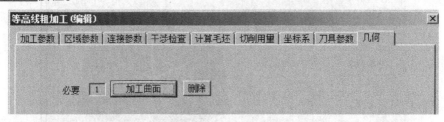

几何设置和刀具路径

（8）完成

单击 确定 ，完成五角星的粗加工设置。

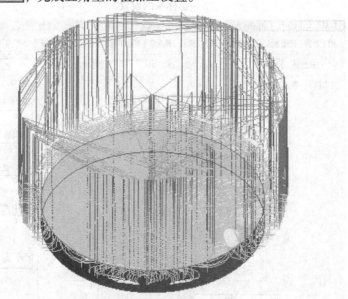

等高线粗加工刀路图

6. 对五角星进行第一次单层笔式清根（D8R4 刀具，加工余量 0.1mm）

（1）加工参数设置

单击"笔式清根"按钮 ，弹出"笔式清根加工（编辑）"对话框，对加

工参数进行设置，如下图所示。

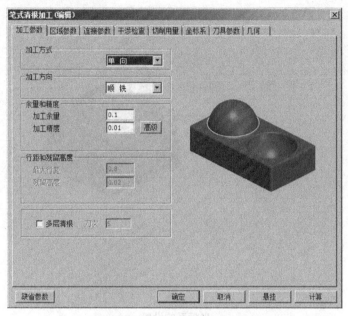

"笔式清根加工（编辑）"对话框

（2）区域参数、连接参数、干涉检查、坐标系使用系统默认值

（3）切削用量设置

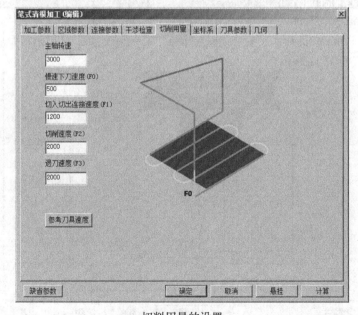

切削用量的设置

127

（4）坐标系的设置

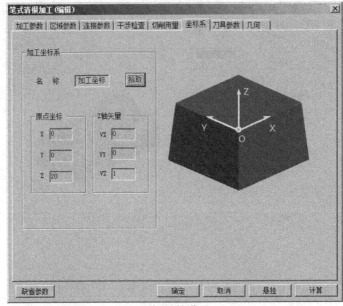

坐标系的设置

（5）刀具参数的设置

从刀库调出 D8R4 球头立铣刀。

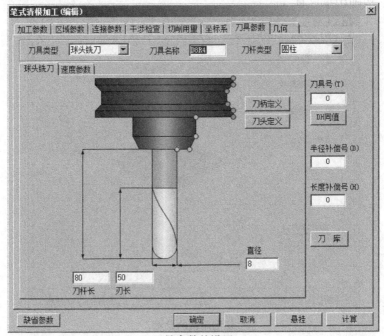

刀具参数的设置

（6）几何设置

单击 加工曲面 按钮，选取五角星实体。

单击"确定"，完成笔式清根加工。

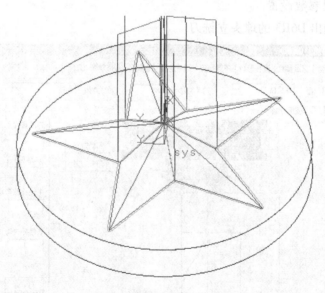

几何设置

笔式清根刀路图（一）

7. 对五角星进行第二次单层笔式清根（D6R3 刀具，加工余量 0.1）

（1）加工参数、区域参数、连接参数、干涉检查、坐标系的设置（与步骤 6
相同）

（2）切削用量设置

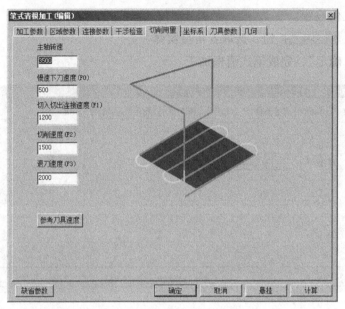

切削用量设置

（3）刀具参数设置

从刀库调出 D6R3 的球头立铣刀。

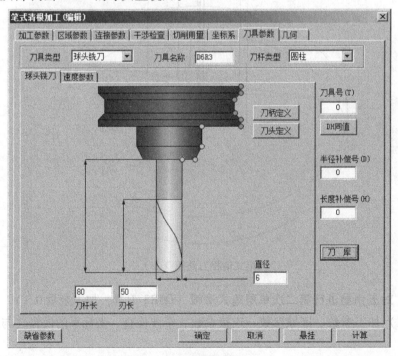

刀具参数设置

（4）几何设置

单击 加工曲面 按钮，选取五角星实体。

单击"确定"，完成笔式清根加工。

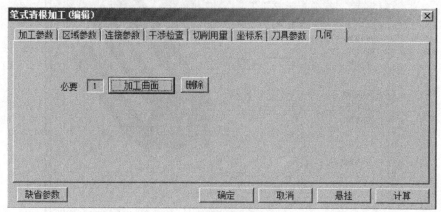

几何设置

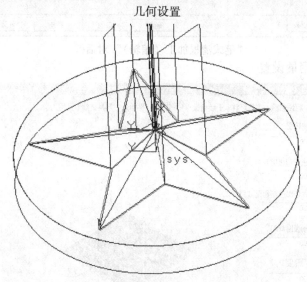

笔式清根刀路图（二）

8. 对五角星进行多层笔式清根（D6R3 刀具，加工余量 0）

（1）加工参数设置

单击"笔式清根"按钮，弹出"笔式清根加工（编辑）"对话框，对加工参数进行设置。

（2）区域参数、连接参数、干涉检查、坐标系的设置（与步骤 6 相同，刀具参数的设置与步骤 7 相同）。

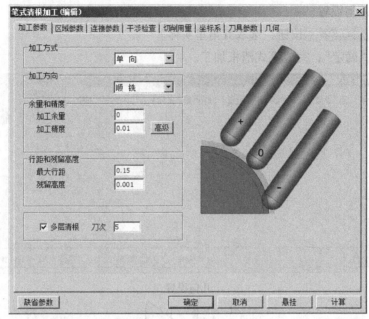

"笔式清根加工（编辑）"对话框

（3）切削用量设置

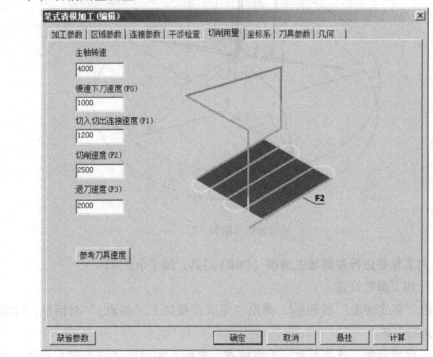

切削用量设置

（4）几何设置

单击 加工曲面 按钮，选取五角星实体。

点击"确定"，完成笔式清根加工。

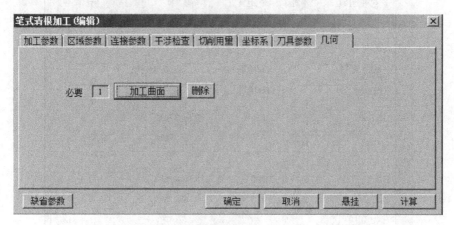

几何设置

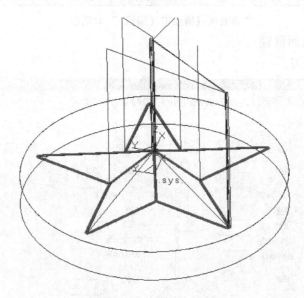

笔式清根刀路轨迹的生成

9. 对五角星进行曲面区域精加工

（1）加工参数设置

单击"曲面区域精加工"按钮 🖾 ，弹出"曲面区域精加工（编辑）"对话框，对加工参数进行设置。

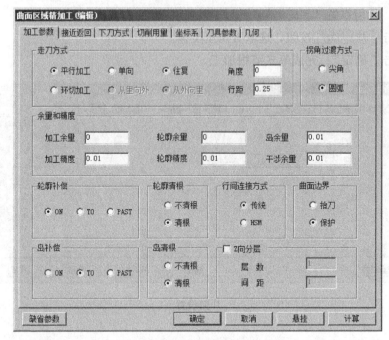

"曲面区域精加工（编辑）"对话框

（2）接近返回设置

用圆弧进退刀。

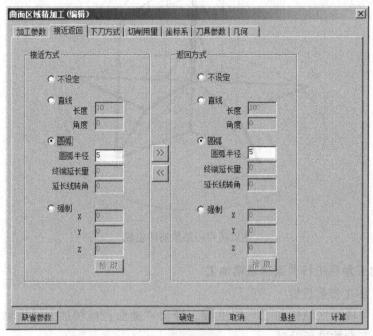

接近返回设置

（3）下刀方式设置

慢速下刀距离为3mm。

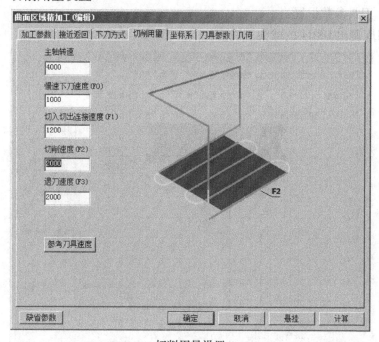

下刀方式设置

注意

慢速下刀距离通常取离加工表面为0.5～3mm的位置。

（4）切削用量设置

切削用量设置

（5）坐标系设置

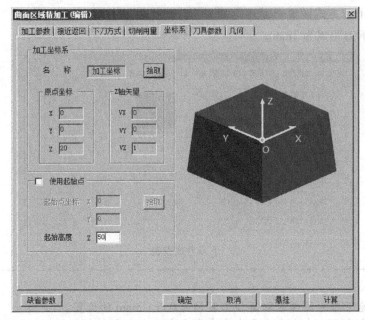

坐标系设置

(6) 刀具参数设置

从刀库调出 D8R4 的球头立铣刀。

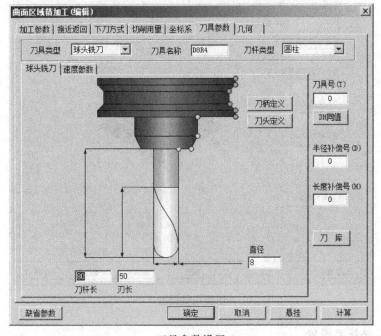

刀具参数设置

(7) 几何设置

单击 ▢轮廓曲线 按钮，选取五角星的外轮廓线以定义加工范围。单击
▢加工曲面 按钮，选取五角星实体，单击"确定"，完成五角星的精加工。

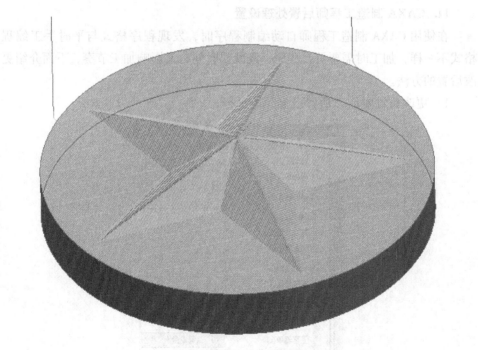

几何设置

曲面区域清除刀路轨迹图

10. 轨迹仿真

显示全部的刀具路径后，在 CAXA 制造工程师菜单中单击"加工"后，在下拉菜单中点选"实体仿真"后单击"运行"按钮 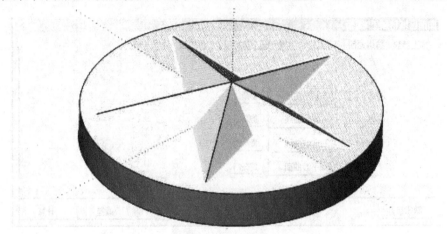，即可进行仿真加工。

实体仿真加工效果图

11. CAXA 制造工程师后置处理设置

在使用 CAXA 制造工程师自动编制程序时，发现程序格式与平时手工编程格式不一样，加工时需要更改程序，既耽误时间，又影响加工节奏，下面介绍更改后置的方法。

1）更改后置要在"后置设置"中进行。

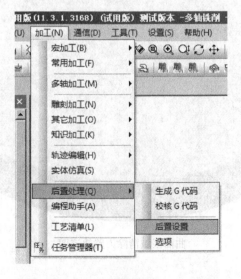

后置设置路径

2）选择"后置设置"，弹出"选择后置配置文件"对话框，选择"fanuc"数控系统文件。单击"编辑"按钮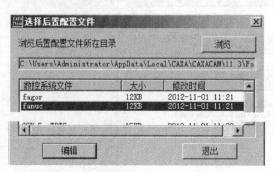，弹出"CAXA 后置配置 – fanuc"对话框，在后置配置中选择"程序"。

"选择后置配置文件"对话框

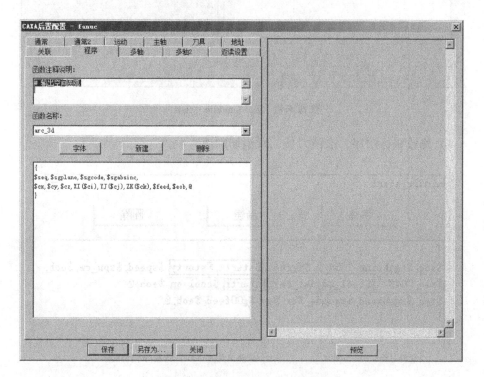

"CAXA 后置配置 – fanuc"对话框

3）在函数名称中选择"middle _ start"（中间程序开始处）。

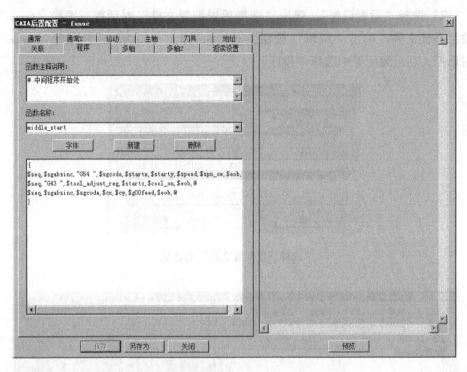

选择函数名称"middle _ start"

4）修改坐标顺序，取消刀长，取消切削液。

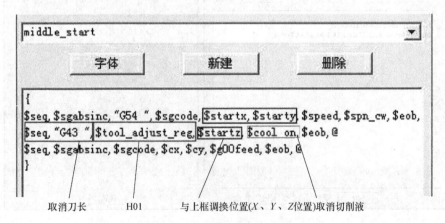

取消刀长　　　H01　　　与上框调换位置(*X、Y、Z*位置)取消切削液

修改函数"middle _ start"中的参数

5）取消换刀指令。在函数名称中选择"load _ tool"（加载刀具时），删除"$tool _ num ,"M6","。

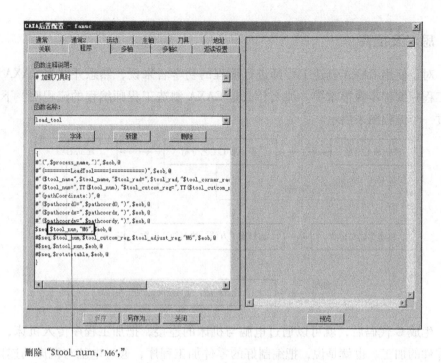

删除"$tool_num,"M6'，"

修改函数"load＿tool"中的参数

12. 生成 G 代码

勾选要进行后置处理的程序，单击右键弹出快捷菜单，依次选择"后置处理"→生成 G 代码"。最后生成的部分程序如下图所示。

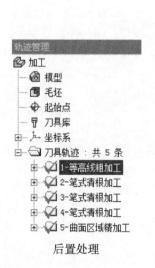

后置处理　　　　　　　　　生成 G 代码

思考及提高

对于使用 CAXA 制造工程师进行编程的初学者来说,熟悉并掌握 CAXA 制造工程师编程步骤很重要。那么什么是 CAXA 制造工程师编程的流程呢?下面通过一个流程图来展示。

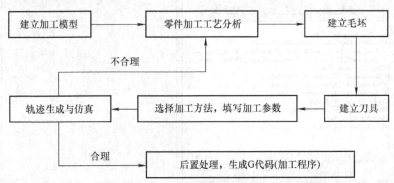

生成 G 代码后,就可以通过电脑与机床的连接,把加工程序传入机床,用于零件的加工。也就是说,把编制好的零件加工程序,通过电脑与机床的连接,使机床按编制好的程序加工出需要的零件形状。

第八章

数控铣床/加工中心的结构与维护

第一节 数控铣床/加工中心主传动系统与主轴部件的维护

一、数控铣床/加工中心的主传动系统

a) 主轴安装现场

b) 主轴结构

主传动系统

1. 数控铣床/加工中心主传动系统的要求

主传动系统是数控铣床/加工中心机床的重要组成部分。主轴部件是机床的重要执行元件之一，它的结构尺寸、形状、精度及材料等，对机床的使用性能有

很大的影响，直接影响机床的加工精度。数控铣床/加工中心主传动系统，能将主轴电动机的原动力通过该传动系统变成可供切削加工用的切削力矩和切削速度。对主传动系统的要求如下：

要求	内容
主传动要有宽的调速范围及尽可能实现无级变速	数控加工时切削用量的选择，特别是切削速度的选择，关系到表面加工质量和机床生产率。对于自动换刀的数控机床，为适应各种工序和不同材料加工的要求，更需要主传动有宽的自动变速范围 数控机床的主轴变速是依指令自动进行的，要求能在较宽转速范围内进行无级变速，并减少中间传递环节，以简化主轴箱。目前数控机床的主驱动系统要求在 $1:(100 \sim 1000)$ 范围内进行恒转矩调速和 $1:10$ 范围内的恒功率调速。由于主轴电动机与驱动的限制，为满足数控机床低速强力切削的需要，常采用分段无级变速的方法，即在低速段采用机械减速装置，以提高输出转矩
功率大	要求主轴有足够的驱动功率或输出转矩，在整个速度范围内均能提供切削所需的功率或转矩，特别是在强力切削时。并且有一定的过载能力和较好的调速机械特性，即在负载变化的情况下，电动机转速波动小
动态响应性要好	要求主轴升降速时间短，调速时运转平稳。对有的数控机床需同时能实现正、反转切削，则要求换向时均可进行自动加减速控制，即要求主轴有四象限驱动能力
精度高	主要指主轴回转精度高。要求主轴部件具有足够的刚度和抗震性，具有较好的热稳定性，即主轴的轴向和径向尺寸随温度变化较小。另外，要求主传动的传动链要短
良好的抗震性和热稳定性	数控铣床/加工中心工作时，可能由于断续切削、加工余量不均匀、运动部件不平衡以及切削过程中的自震等原因引起冲击力和交变力，使主轴产生振动，影响加工精度和表面粗糙度；严重时甚至可能破坏刀具和主轴系统中的零件，使其无法工作。主轴系统的发热使其中所有零部件产生热变形，降低传动效率，降低零部件之间的相对位置精度和运动精度，从而造成加工误差。因此，主轴组件要有较高的固有频率，较好的动平衡，且要保持合适的配合间隙，并要进行循环润滑

2. 数控铣床/加工中心的主轴变速方式

为了适应不同的加工要求，目前主传动系统大致可以分为三类：

种类	图示及特征
二级以上变速的主传动系统	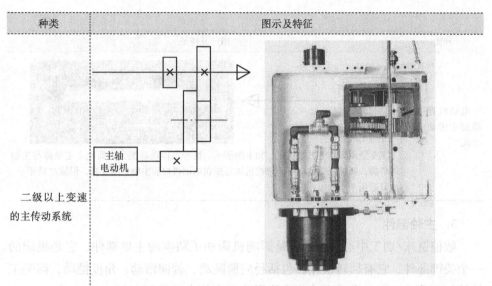

变速装置多采用齿轮变速结构，故也称变速齿轮传动系统，如上图所示是使用滑移齿轮实现二级变速的主传动系统。滑移齿轮的移位大都采用液压缸和拨叉或直接由液压缸带动齿轮来实现。因数控铣床/加工中心使用可调无级变速交流、直流电动机，所以经齿轮变速后，实现分段无级变速，调速范围增加。其优点是能够满足各种切削运动的转矩输出，且具有大范围调节速度的能力。但由于结构复杂，需要增加润滑及温度控制装置，成本较高。此外制造和维修也比较困难

| 一级变速器的主传动系统 | 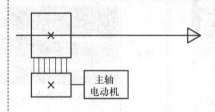 |

目前多采用带（同步齿形带）传动装置，故也称带传动系统（如上图所示）。其结构简单，安装调试方便。主要适用于高转速低转矩的小型数控铣床。变速范围小、传动平稳、噪声低、主轴箱结构较复杂，由于带有过载打滑的特性，对电动机起过载保护作用，但只适用于低扭矩的数控机床

（续）

种类	图示及特征
电动机直接驱动的主传动变速方式	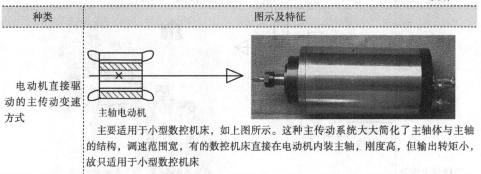 主轴电动机 主要适用于小型数控机床，如上图所示。这种主传动系统大大简化了主轴体与主轴的结构，调速范围宽，有的数控机床直接在电动机内装主轴，刚度高，但输出转矩小，故只适用于小型数控机床

3. 主轴部件

数控铣床/加工中心主轴部件是影响机床加工精度的主要部件，它是机床的一个关键部件，它有回转误差，包括径向圆跳动、轴向窜动、角度摆动，影响工件的加工精度，它的自动变速、准停影响机床的自动化程度。

名称	图示及应用	名称	图示及应用
主轴箱	主轴箱通常由铸铁铸造而成，主要用于安装主轴零件、主轴电动机、主轴润滑系统等	轴承	该轴承为滚动轴承，主要用于支承主轴
主轴	主轴是主传动系统最重要的零件，主轴材料的选择主要根据刚度、载荷特点、耐磨性和热处理变形等因素确定。用于装夹刀具进行零件加工。主轴前端有7:24的锥孔，用于装夹刀柄或刀杆。主轴端面有一端面键，既可通过它传递刀具的转矩，又可用于刀具的周向定位	同步带轮	同步带轮的主要材料为尼龙，固定在主轴上，与同步带啮合传动

（续）

名称	图示及应用	名称	图示及应用
同步带	 同步带是主轴电动机与主轴的传动元件，主要是将电动机的转动传递给主轴，带动主轴转动，进行加工。同步带是一根内周表面设有等间距齿形的环行带。同步带传动综合了带传动、链传动和齿轮传动各自的优点。转动时，通过带齿与轮的齿槽相啮合来传递动力。同步带传动具有准确的传动比，无滑差，可获得恒定的速比，传动平稳，能吸振，噪声小，传动比范围大，一般可达 1∶10。传动效率高，一般可达 98%，结构紧凑，适宜于多轴传动，不需润滑，无污染	打刀缸	 打刀缸主要用于装刀与松刀，由气缸和液压缸组成，气缸装在液压缸的上端。工作时，气缸内的活塞推进液压缸内，使液压缸内的压力增加，推动主轴内夹刀元件，从而达到松刀的作用。其中液压缸起增压作用
主轴电动机	 主轴电动机是机床加工的动力元件，主轴电动机功效的大小直接关系到机床的切削力度	润滑油管	 主要用于主轴润滑

二、主传动系统的维护

1. 维护要点

数控铣床/加工中心的机械结构比传统普通铣床的机械结构简单，但机械部件的精度提高了，对维护提出了更高的要求，具体内容如下。

1）熟悉数控机床主传动系统的结构、性能参数和主轴调整方法，严禁超性能使用。出现不正常现象时，应立即停机排除故障。

2）使用带传动的主轴系统，需定期调整主轴驱动带的松紧程度，防止因驱

147

动带打滑造成的丢转现象。

3）操作者应每天检查主轴润滑的恒温油箱，注意观察主轴箱温度，调节温度范围，及时补充油量，使油量充足。防止各种杂质进入油箱，保持油液清洁。每年清理润滑油池底一次，更换一次润滑油，清洗过滤器并更换液压泵滤油器。

4）对采用液压系统平衡主轴箱重量的系统，需定期观察液压系统的压力，当油压低于要求值时，要及时补油调整。

5）经常检查油管及各处密封，防止润滑油液的泄漏。

6）对于使用啮合式电磁离合器变速的传动系统，离合器必须在低于 2r/min 的转速下变速，对于使用液压拨叉变速的主传动系统，必须在主轴停机后变速。

2. 维护操作

维护周期	图示	维护内容
每天开机前	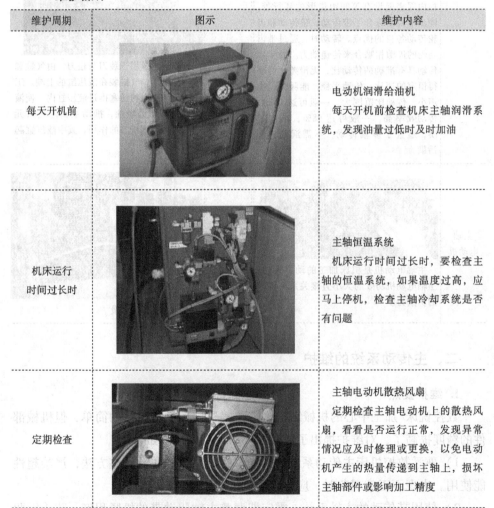	电动机润滑给油机 每天开机前检查机床主轴润滑系统，发现油量过低时及时加油
机床运行时间过长时		主轴恒温系统 机床运行时间过长时，要检查主轴的恒温系统，如果温度过高，应马上停机，检查主轴冷却系统是否有问题
定期检查		主轴电动机散热风扇 定期检查主轴电动机上的散热风扇，看看是否运行正常，发现异常情况应及时修理或更换，以免电动机产生的热量传递到主轴上，损坏主轴部件或影响加工精度

三、主轴部件的维护

数控铣床主轴部件是影响机床加工精度的主要部件，它的回转精度影响工件的加工精度，它的功率大小与回转速度影响加工效率，它的自动变速、准停和换刀等影响机床的自动化程度。因此，要求主轴部件具有与本机床工作性能相适应的高回转精度、刚度、抗震性、耐磨性和低的温升。在结构上，必须很好地解决刀具和工件的装夹、轴承的配置、轴承间隙调整和润滑密封等问题。数控铣床/加工中心主轴部件的精度、刚度和热变形对加工质量都有直接影响。由于加工过程中不对数控机床进行人工调整，因此这些影响就更为严重。

主轴的结构根据数控机床的规格、精度采用不同的主轴轴承。一般中、小规格的数控铣床的主轴部件多采用成组高精度滚动轴承，一般都采用 2~3 个角接触球轴承组合或用角接触球轴承与圆柱滚子轴承组合构成支持系统；数控机床主轴的转速高，为减少主轴的发热，必须改善轴承的润滑方式。润滑的作用是在摩擦副表面形成一层薄油膜，以减小摩擦和减少发热。

为了保证主轴有良好的润滑，减少摩擦发热，同时又能把主轴组件的热量带走，通常采用循环式润滑系统。用液压泵供油强力润滑，在油箱中使用油温控制器控制油液温度。近年来有些数控机床的主轴轴承采用高级油脂封入方式润滑，每加一次油脂可以使用 7~10 年，简化了结构，降低了成本，且维护保养简单，但必须防止润滑油和油脂混合，通常采用迷宫式密封方式。为了适应主轴转速向更高速化发展的需要，新的润滑冷却方式相继开发出来。这些新型润滑冷却方式不但要减少轴承温升，还要减少轴承内外圈的温差，以保证主轴热变形小。主轴润滑方式如下：

润滑方式	内容
油气润滑	除在轴承中加入少量的润滑油外，还引入压缩空气，使滚动体上包有油膜起到润滑作用，再用空气循环冷却。这种润滑方式近似于油雾润滑方式，所不同的是油气润滑是定时定量地把油雾送进轴承空隙中，这样既实现了油雾润滑，又不至于油雾太多而污染周围空气，后者则是连续供给油雾
喷注润滑	它用较大流量的恒温油（每个轴承 3~4L/min）喷注到主轴轴承，以达到润滑冷却的目的。这里要特别指出的是，较大流量喷注的油，不是自然回流，而是用排油泵强制排油，同时，采用专用高精度大容量恒温油箱，油温变动控制在 ±0.5°

第二节　数控铣床/加工中心的进给传动系统与传动元件的维护

一、进给传动系统

| a) 传动系统装配现场 | b) 进给传动系统 |

数控铣床传动系统图

1. 对进给传动系统的性能要求

要求	内容
提高传动精度和刚度，消除传动间隙	从机械结构方面考虑，进给传动系统的传动精度和刚度主要取决于丝杠螺母副、传动元件的传动精度及其支承结构的刚度。加大丝杠直径，对丝杠螺母副、支承部件、丝杠本身施加预紧力，是提高传动刚度的有效措施。传动间隙主要来自于传动齿轮副、丝杠螺母副及其支承部件之间，因此进给传动系统中广泛采用施加预紧力或其他消除间隙（缩短传动链及采用高精度的传动装置）的措施来提高传动精度
减小摩擦阻力	为了提高数控铣床进给系统的快速响应性能，除了对伺服元件提出要求外，还必须减小运动件之间的摩擦阻力和动、静摩擦力之差。在数控机床进给系统中，为了减小摩擦阻力，普遍采用滚珠丝杠螺母副、静压丝杠螺母副、滚动导轨、静压导轨和塑料导轨等
减少运动部件惯量	传动部件的惯量对伺服机构的起动和制动特性都有影响，尤其是高速运转的零件。因此，在满足部件强度和刚度的前提下，应尽可能减小运动部件的质量，减小旋转零件的直径和重量，以降低其惯量
系统要有适度阻尼	阻尼一方面降低进给伺服系统的快速响应性，另一方面阻尼增加系统的稳定性。在刚度不足时，运动件之间的运动阻尼对降低工作台爬行、提高系统的稳定性起重要作用

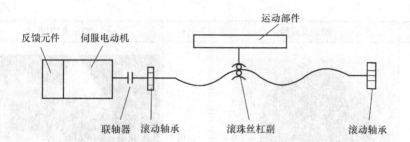

典型半闭环进给系统的机械结构

2. 传动元件的名称、特点及作用

名称	图示及应用	名称	图示及应用
导轨	此导轨为滚动导轨。目前大部分数控机床采用滚动导轨，在导轨面之间放置滚动体（滚珠或滚针），变导轨面的滑动摩擦为滚动摩擦，减小了摩擦因数。这种导轨的特点是：灵敏度高，摩擦阻力小，运动均匀，低速移动不易爬行，定位精度高达 $0.1\mu m$，牵引力小，移动轻便，磨损小，精度保持性好，寿命长。缺点是抗振性差，刚度低，对防护要求较高，结构复杂，制造比较困难，成本高。由于数控机床的主要特点是高精度和高生产率，所以这是目前数控机床使用最广泛的一种导轨形式	滚珠丝杠	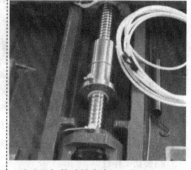滚珠丝杠传动效率高，一般为 $\eta=0.92\sim0.98$；传动灵敏，摩擦力小，动静摩擦力之差极小，能保证运动平稳，不易产生低速爬行现象；具有可逆性，不仅可以将旋转运动转变为直线运动，也可将直线运动变成旋转运动；轴向运动精度高，施加预紧力后，可消除轴向间隙，反向时无空行程；制造工艺复杂；不能自锁，对于垂直丝杠，由于自重惯性力的作用，当传动切断后，不能立刻停止运动，需要增加制动装置

（续）

名称	图示及应用	名称	图示及应用
轴承	 主要用于安装、支撑丝杠，使其能够转动，在丝杠的两端均要安装	伺服电动机	 伺服电动机是工作台移动的动力元件，传动系统中传动元件的动力均由伺服电动机产生，每根丝杠都装有一个伺服电动机
丝杠支架	 该支架内安装了轴承，在基座的两端均安装了一个，主要用于安装滚珠丝杠，传动工作台	润滑系统	 润滑系统可视为传动系统的"血液"。可减少阻力和摩擦磨损，避免低速爬行，降低高速时的温升，并且可防止导轨面、滚珠丝杠副锈蚀。常用的润滑剂有润滑油和润滑脂，导轨主要用润滑油，丝杠主要用润滑脂
联轴器	 联轴器是伺服电动机与丝杠之间的连接元件，电动机的转动通过联轴器传给丝杠，使丝杠转动，移动工作台		

3. 导轨副的作用

机床上的运动部件都是沿着它的床身、立柱、横梁等部件上的导轨而运行，导轨起支撑和导向的作用。导轨在很大程度上决定数控机床的刚度、精度与精度保持性。所以，导轨是传动系统中非常重要的传动元件。主要有滚动导轨、滑动导轨、静压导轨和直线导轨。

要求	简述
导向精度高	导向精度是指机床的运动部件沿导轨移动时的直线性和准确性。因为导轨上要放置工作台，而加工过程就是依靠刀具与工件的相对运动而形成工件的轮廓，所以导向精度直接决定了工件的形状误差，为保证工件的精度，要求导轨有足够的精度。导轨精度主要与制造精度、结构、装配、质量及其支撑件的刚度、受热变形有关
耐磨性好	耐磨性是导轨在长期工作中是否保持精度一致性的重要指标。耐磨性好，使用时间长，精度保持性就好
刚度高	导轨受力变形后会影响各部件之间的导向精度和相对位置精度，因而要求导轨有足够的刚度。数控机床常用加大导轨面的尺寸和添加辅助导轨的方法来提高刚度
低速运动平稳性好	低速运动平稳性好，低速工作时无爬行现象
结构简单	工艺性好，在使用时便于调整和维护，在设计时要考虑便于制造和维修

（1）滚珠丝杠螺母副

1）滚珠丝杠螺母副工作原理。在数控铣床/加工中心进给系统中，通常采用滚珠丝杠螺母副使旋转运动与直线运动相互转换。滚珠丝杠螺母副是一种在丝杠和螺母间装有滚珠作为中间元件的丝杠副，其结构原理如下图所示。在丝杠 3 和螺母 1 上都有半圆弧形的螺旋槽，当它们套装在一起时便形成了滚珠的螺旋滚道。螺母上有滚珠回路管道 b，将几圈螺旋滚道的两端连接起来构成封闭的循环滚道，并在滚道内装满滚珠 2。当丝杠 3 旋转时，滚珠 2 在滚道内沿滚道循环转动（即自转），迫使螺母轴向移动。

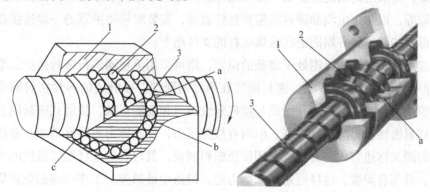

滚珠丝杠螺母副的结构原理图

1—螺母 2—滚珠 3—丝杠 a、b、c—滚珠回路管道

2）滚珠丝杠螺母副的安装方式。

安装方式	特点	图示
一端装推力球轴承，另一端装向心球轴承	这种安装方式只适用于行程小的短丝杠，它的承载能力小，轴向刚度低。一般用于数控铣床的调节环节或升降台式铣床的垂直坐标进给传动结构，如右图所示	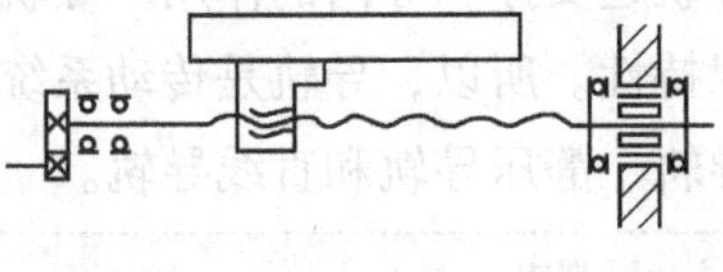
两端装推力球轴承	把推力球轴承装在滚珠丝杠的两端，并施加预紧力，可以提高轴向刚度，但这种安装方式对丝杠的热变形较为敏感，如右图所示	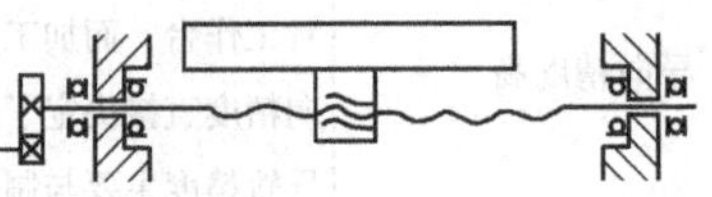
两端装推力球轴承及向心球轴承	它的两端均采用双重支撑并施加预紧，使丝杠具有较大的刚度，这种方式还可使丝杠的温度变形转化为推力球轴承的预紧力，但设计时要求提高推力球轴承的承载能力和支架刚度，如右图所示	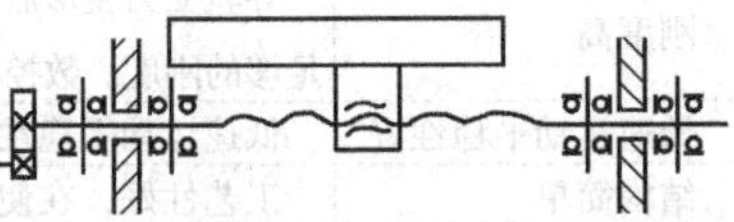

（2）滚珠丝杠螺母副的维护

1）滚珠丝杠的保护。如果滚珠丝杠螺母副的滚道上落入了脏物或使用不清洁的润滑油，不仅会妨碍滚珠的正常运转，而且会使磨损急剧增加。对于制造误差和预紧变形以微米计算的滚珠丝杠螺母副来说，这种磨损特别敏感。因此，有效的防护、密封和保持润滑油的清洁显得十分必要。如果滚珠丝杠螺母副在机床上外露，应采用封闭的防护罩，如采用螺旋弹簧钢带套管、伸缩套管以及折叠式防护罩等，以防止尘埃和磨粒粘附到丝杠表面，安装时将防护罩的一端连接在滚珠螺母的端面，另一端固定在滚珠丝杠的支撑座上。

如果滚珠丝杠螺母副处于隐蔽的位置，则可采用毛毡圈进行密封防护，毛毡圈的厚度为螺距的2~3倍，密封圈装在螺母的两端。接触式的弹性密封圈用耐油橡胶或尼龙制成，其内孔做成与丝杠螺纹滚道相配的形状，接触式密封圈直接与丝杠紧密接触，防尘效果好，但因有接触压力，使摩擦力矩略有增加。非接触式密封圈又称迷宫式密封圈，它用硬质塑料制成，其内孔与丝杠螺纹滚道的形状相反，并稍有间隙，这样可避免摩擦力矩，但防尘效果差。工作中应避免硬质灰尘或切屑进入丝杠防护罩和工作中碰击防护装置，防护装置有损坏要及时更换。

2）检查连接部位及支撑轴承。定期检查丝杠支撑与床身的连接是否有松动以及支撑轴承是否损坏等，如有以上问题，要及时紧固松动部位并更换支撑轴承。

3）滚珠丝杠螺母副的润滑。滚珠丝杠螺母副也可用润滑剂来提高耐磨性及传动效率。润滑剂可分为润滑油和润滑脂两大类，润滑油一般为全损耗系统用油，润滑脂可采用锂基润滑脂。润滑脂一般加在螺纹滚道和安装螺母的壳体空间内，而润滑油则经过壳体上的油孔注入螺母的空间内。每半年对滚珠丝杠上的润滑脂更换一次，清洗丝杠上的旧润滑脂，涂上新的润滑脂。用润滑油润滑的滚珠丝杠螺母副，可在每次机床工作前加油一次。

（3）导轨副的维护

为了防止切屑、磨粒或切削液散落在导轨面上而引起磨损、擦伤和锈蚀，导轨面上应有可靠的防护装置。常用的防护装置有刮板式、卷帘式和叠层式防护套，大多用于长导轨上。在机床使用过程中应防止损坏防护罩，对叠层式防护罩应经常用刷子蘸机油清理移动接缝，以避免产生碰壳现象。

防护罩

（4）导轨的润滑

导轨润滑的目的是减少阻力和摩擦磨损，避免低速爬行，降低高速时的温升，并且可防止导轨面锈蚀。导轨常用的润滑剂有润滑油和润滑脂，滑动导轨主要用润滑油，而滚动导轨两种都可采用。滑动导轨的润滑主要采用压力润滑。

导轨最简单的润滑方式是人工定期加油或用油杯供油。这种方法简单、成本低，但不可靠，一般用于调节辅助导轨及运动速度低、工作不频繁的滚动导轨。对运动速度较高的导轨大都采用润滑泵，以压力强制润滑。这样不但可连续或间歇供油给导轨进行润滑，而且可利用油的流动冲洗和冷却导轨表面。为实现强制润滑，必须备有专门的供油系统，如下图所示。

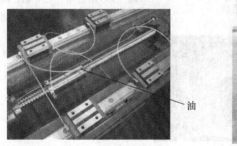

油

油箱

过滤器

润滑供油系统

二、传动系统的日常维护保养

种类	图示	维护保养内容
操作机床前		加润滑油 每次操作机床前都要先检查润滑油箱里的油是否在使用范围内，如果低于最低油位，需加油后方可操作机床
操作结束时		清除切屑 操作结束时，要及时清扫工作台、导轨防护罩上的铁屑
机床停放时间过长	  此面清理干净 并加上润滑油  滚珠丝杠处 擦干净并加 上润滑脂	对导轨、滚珠丝杠擦干净后上油 如果机床停放时间过长没有运行，特别是春季（停机时间太长没有运行，进给传动零件容易生锈，春季气候潮湿更容易生锈），应先打开导轨、丝杠防护罩，对导轨、滚珠丝杠等零件擦干净，然后上油再开机运行

第三节　自动换刀系统与刀库的维护

一、自动换刀系统的刀库

常见的刀库种类有：带机械手换刀系、无机械手的换刀机构、盘式刀库、链式刀库。

1. 自动换刀系统的结构

种类	图示及特征	种类	图示及特征
带机械手换刀系	带机械手换刀系 镗铣加工中心上常用的换刀系统多为刀库—机械手系统，当需要某一刀具进行切削加工时，将该刀具自动地从刀库交换到主轴上，切削完毕后又将用过的刀具自动地从主轴上取下再放回刀库。由于换刀过程是在各个部件之间进行的，所以要求参与换刀的各个部件其动作必须准确、可靠，如上图所示为带机械手换刀系。在有机械手的换刀系统中，刀库的配置、位置及容量要比无机械手的换刀系统灵活。它可以根据不同的要求配置不同形式的机械手。如单臂的，双臂的，甚至配置一个主机械手和一个辅助机械手，并且能配备多至数百把的刀具。换刀时间可缩短到几秒甚至零点几秒。因此，目前多数加工中心都配有机械手的换刀系统。由于刀库位置和机械手的换刀动作的不同，换刀的过程也不相同	无机械手的换刀机构	 无机械手的换刀机构 无机械手的换刀系统，一般是把刀库放在主轴箱可以运动到的位置，或整个刀库或某一刀位能移动到主轴箱可以到达的位置。同时，刀库中刀具的存放方向一般与主轴上的装刀方向一致。换刀时，由主轴运动到刀库上的换刀位置，利用主轴直接取走或放回刀具。它的优点是结构简单，成本低，换刀的可靠性也较高。缺点是由于结构所限，刀库的容量不大，而且换刀时间较长，多为中、小型加工中心采用

2. 盘式刀库和链式刀库的结构

刀库用来储存加工刀具及辅助工具。普遍采用的刀库类型是盘式刀库和链式刀库。

种类	图示及特征	种类	图示及特征
盘式刀库	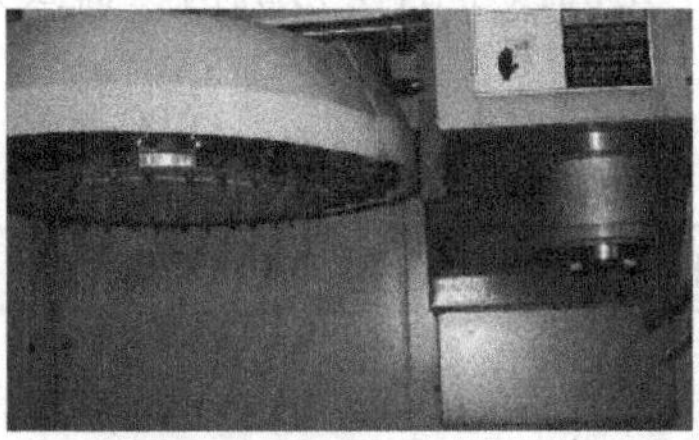 盘式刀库 结构简单,应用较多,一般用于刀具数量为30把以内容量较少的刀库。由于刀具环形排列,空间利用率低,因此有的机床将刀具在刀盘中采用双环或多环排列,以增加空间利用率。但这样的刀库外径过大,转动惯量也大,选刀时间也较长	链式刀库	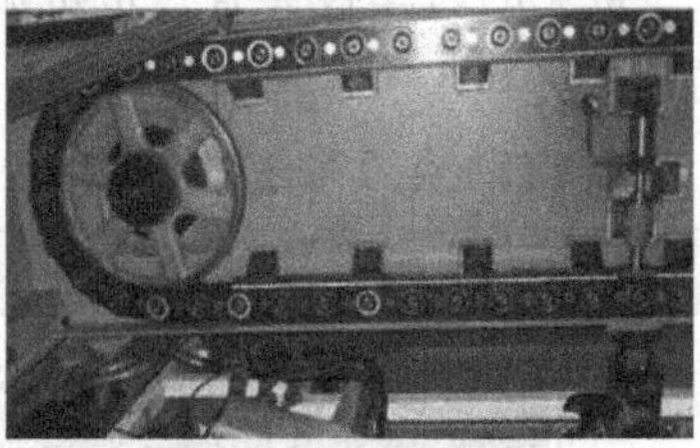 链式刀库 结构紧凑,刀库容量较大,链环的形状可以根据机床的布局配置成各种形状,也可将刀位突出以利于换刀,当链式刀库需增加刀具容量时,只需增加链条的长度即可,在一定范围内,无须变更线速度及惯量,一般刀具数量在30~120把时,多采用链式刀库

3. 斗立式刀库各零部件的名称和作用

名称	图示及作用	名称	图示及作用
刀库防护罩	 防护罩起保护转塔和转塔内刀具的作用,防止加工时铁屑直接从侧面飞进刀库,影响转塔转动	刀库转塔电动机	 主要是用于转动刀库转塔

（续）

名称	图示及作用	名称	图示及作用
刀库导轨	由两圆管组成，用于刀库转塔的支撑和移动	刀库转塔	用于装夹备用刀具
气缸	用于推动和拉动刀库，执行换刀		

二、刀库及换刀装置的维护

1. 维护要点

加工中心刀库及自动换刀装置的故障表现在刀库运动故障、定位误差过大、机械手夹持刀柄不稳定和机械手运动误差过大等。这些故障最后都造成换刀动作卡位，整机停止工作，操作及机床维修人员对此要有足够的重视。刀库与换刀机械手的维护要点如下：

1）用手动方式往刀库上装刀时，要确保安装到位、安装牢靠，检查刀座上的锁紧是否可靠。

2）严禁把超重、超长的刀具装入刀库，防止在机械手换刀时掉刀或刀具与工件、夹具等发生碰撞。

3）用顺序选刀方式时必须注意刀具放置在刀库上的顺序要正确。其他选刀方式也要注意所换刀具号是否与所需刀具一致，防止换错刀具导致事故发生。

2. 刀库的日常清理维护

每次加工完工件，关机下班前都要对刀库、换刀机械手进清理，防止加工过程中切屑从底下飞入刀库，影响刀库转盘的定位精度。还要定期对刀库滑动导轨、换刀机械手施加润滑油或润滑脂。

种类	图示	步骤
每次加工完工件，关机下班前		清扫刀库上的切屑 用气枪吹掉刀库内的铁屑，对刀库、换刀机械手进行清理，防止加工过程中切屑从底下飞入刀库，影响刀库转盘的定位精度
关机下班前		对机械手加润滑脂 用油枪对换刀机械手加润滑脂，保证机械手换刀动作灵敏
关机下班前	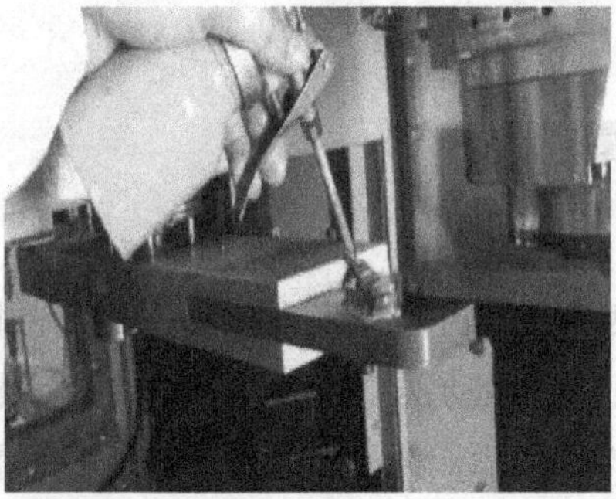	活动部件加润滑油 对机械手上的活动部件加润滑油

思考及提高

1）每天操作机床前，检查油槽内油量及气动系统，保证机床无人为事故。

	润滑源	检查周期	方法	油箱容量	适用的油品
1	自动润滑单元	低油位发信号时	加油至油表上限	1.8L	L－G150D 导轨油 L－HL32 液压油 TONNA T68
2	切削液系统	视需要而定	依材料而定	160L	水溶性润滑剂
3	气压元件润滑油	视需要而定	加油至油表上限	90mL	NUTO H32

2）常见故障的处理办法。

序号	思考	原因	措施
1	刀套上下不到位	1. 拨叉位置不正确 2. 限位开关安装不正确或调整不当	1. 检查限位开关的安装 2. 检查拨叉位置
2	刀套不能夹紧刀具	1. 卡紧力不足 2. 刀具超重	检查刀套上的螺钉是否松动，或弹簧太松
3	刀具夹不紧掉刀	1. 卡紧爪弹簧压力过小 2. 刀具超重 3. 机械手卡紧锁不起作用	1. 弹簧后面的螺母松动 2. 机械手卡紧锁不起作用
4	刀具交换时掉刀	机械手抓刀时没有到位，就开始拔刀	重新设定换刀点

参 考 文 献

[1] 刘创. 数控铣床、加工中心 [M]. 北京：现代教育出版社，2014.

[2] 劳动和社会保障部教材办公室. 数控机床编程与操作 [M]. 北京：中国劳动社会保障出版社，2011.

[3] 陈海舟. 数控铣削加工宏程序及应用实例 [M]. 北京：机械工业出版社，2007.

[4] 朱明松，王翔. 数控铣床编程与操作项目教程 [M]. 北京：机械工业出版社，2007.

[5] 廖怀平. 数控机床编程与操作 [M]. 北京：机械工业出版社，2008.